育肥猪 90 天出栏养殖法

陈宗刚　张　杰　编著

· 北 京 ·

图书在版编目(CIP)数据

育肥猪90天出栏养殖法/陈宗刚,张杰编著.—北京:科学技术文献出版社,2013.11

ISBN 978-7-5023-8138-7

Ⅰ.①育… Ⅱ.①陈… ②张… Ⅲ.①养猪学 Ⅳ.①S828

中国版本图书馆CIP数据核字(2013)第154953号

育肥猪90天出栏养殖法

策划编辑:孙江莉 责任编辑:孙江莉 责任校对:唐 炜 责任出版:张志平

出 版 者 科学技术文献出版社
地 址 北京市复兴路15号 邮编 100038
编 务 部 (010)58882938,58882087(传真)
发 行 部 (010)58882868,58882874(传真)
邮 购 部 (010)58882873
官方网址 http://www.stdp.com.cn
发 行 者 科学技术文献出版社发行 全国各地新华书店经销
印 刷 者 北京高迪印刷有限公司
版 次 2013年11月第1版 2013年11月第1次印刷
开 本 850×1168 1/32
字 数 199千
印 张 9.5
书 号 ISBN 978-7-5023-8138-7
定 价 23.00元

《育肥猪 90 天出栏养殖法》

编　委　会

主　编　陈宗刚　张　杰

副主编　李　欣　张志新

编　委　马永昌　王凤芝　袁丽敏　刘玉霞
　　　　王　凤　王天江　杨　红　王桂芬
　　　　何　英　王　祥　陈亚芹　李荣惠

前　言

育肥猪生产的最终目的，就是使养猪生产者以最少的投入，生产出量多质优的猪肉供应市场，以满足广大消费者日益增长的物质需求，并从中获取最大的经济利益。为此，生产者一定要根据猪的生理特点和生长发育规律，满足生长肥育猪的各种营养需要，采用科学的饲养管理和疫病防治技术，从而达到猪只增重快、耗料少、胴体品质优良、成本低和效益高的目的。

育肥猪90天出栏养殖法就是充分挖掘猪生产潜力，以快速、高效为目标的一种饲养模式。具体而言就是断奶仔猪，在良好的饲养条件下，采用先进的饲养技术饲养60天，达到出栏体重的生产。

我国是养猪大国，猪肉产量占世界猪肉总产量的40%以上，但近年来原料涨价、人员工资的提高，再加上猪肉市场的不稳定，严重的影响了养猪者的经济效益和生产情绪。为了稳定猪肉市场，提高养殖者的积极性，帮助养猪者获得最佳的经济效益，笔者组织了多年从事相关行业的技术人员，编写了本书，旨在为我国育肥猪饲养逐步走向科学化、规范化，使广大育肥猪养殖场和养殖专业户获得最佳的经济效益和社会效益解决一些实际问题。

由于我国猪的资源和养殖经验丰富，地理差别大，生产和消费习惯迥异，本书难以概全，加之时间仓促，编著者水平所限，书中疏漏和错误之处恳请同行及广大读者批评指正，并对参阅相关文献的原作者在此表示感谢。

编　者

目　录

第一章　育肥猪养殖概述 …………………………… 1

第一节　育肥猪 90 天出栏生产的特点 ………………… 1

第二节　获得育肥猪的经济杂交方法 …………………… 3

第三节　育肥猪生产中应注意的问题 …………………… 8

第二章　猪场的规划与建设 ……………………… 14

第一节　生产计划 ……………………………………… 14

一、养殖模式 ………………………………………… 14

二、饲养规模 ………………………………………… 18

三、育肥方式 ………………………………………… 18

第二节　猪场规划 ……………………………………… 19

一、新建猪场 ………………………………………… 19

二、旧猪场改造 ……………………………………… 33

第三节　猪生产所需物资 ……………………………… 34

第三章　猪的营养与饲料 ………………………… 43

第一节　猪的消化特点及营养需求 …………………… 43

一、猪的消化特点 …………………………………… 43

二、营养需求 ………………………………………… 44

第二节　猪常用饲料的选择 …………………………… 46

第三节 饲料的加工及贮存 …… 51
一、饲料的加工 …… 52
二、饲料的配制 …… 60
三、饲喂方法 …… 66
四、饲料的贮存 …… 69

第四章 饲养管理 …… 73

第一节 引种及相关准备 …… 73
第二节 种猪的饲养管理 …… 88
一、种猪入场后的暂养管理 …… 88
二、种母猪的饲养管理 …… 89
三、种公猪的饲养管理 …… 126
四、公、母猪的淘汰与更新 …… 133
第三节 90日龄出栏育肥猪的饲养管理 …… 136
一、1～30日龄乳猪的管理 …… 136
二、31～90日龄的管理 …… 147
三、出栏后的消毒 …… 156
第四节 后备猪的饲养管理 …… 157
一、后备猪的选留 …… 158
二、后备猪群饲养管理 …… 165
第五节 空怀猪的饲养管理 …… 170
第六节 季节管理重点 …… 174

第五章 猪的健康保护 …… 178

第一节 猪病综合防治措施 …… 178
一、把好引种关 …… 179

二、创造良好的饲养环境 …………………………… 179
三、水源质量的控制 ………………………………… 181
四、空气质量的控制 ………………………………… 184
五、消毒控制 ……………………………………… 186
六、做好基础免疫 ………………………………… 191
七、预防用药及保健 ……………………………… 198
八、应激的防止 …………………………………… 200
九、粪尿处理与利用 ……………………………… 203
十、猪场鼠虫的控制 ……………………………… 209
十一、病死猪的无害化处理 ……………………… 211
第二节 猪的健康检查 ……………………………… 213
一、猪的保定 ……………………………………… 213
二、临床症状诊断 ………………………………… 214
三、病理解剖诊断 ………………………………… 218
第三节 猪的给药方法 ……………………………… 227
一、兽用药物的剂量 ……………………………… 227
二、猪给药的方法 ………………………………… 228
三、兽药保管方法 ………………………………… 230
第四节 猪常见病的防治 …………………………… 232

第六章 饲养员日常工作操作规程及猪场常用记录表 ……………………………… 283

第一节 饲养员日常工作操作程序 ………………… 283
第二节 猪场常用记录表 …………………………… 284

附录 无公害食品——育肥猪饲养管理准则 ……… 288

参考文献 …………………………………………… 296

第一章　育肥猪养殖概述

育肥猪90天出栏养殖法就是充分挖掘猪生产潜力，以快速、高效为目标的一种饲养模式。具体而言就是断奶仔猪，在良好的饲养条件下，采用直线育肥饲养技术饲养60天，杂交猪体重达到90～100千克，早熟小型品种猪体重达到75～85千克，晚熟大型品种猪体重达到90～110千克适时出栏，以获得最佳经济效益的一种饲养模式。

第一节　育肥猪90天出栏生产的特点

1. 圈（栏）舍修建要合理

猪舍修建要求避风向阳、地势高燥，做到空气新鲜、冬暖夏凉，而且外部环境安静、远离居住区，水源充足、水质优良。猪舍温度能保持在16～23℃，湿度能保持在65%～75%，地面便于消毒等。

2. 选好育肥品种

育肥猪要选用优质瘦肉型杂交猪。优质杂交品种不仅产肉多、瘦肉率高，而且品质好、市场竞争力强。目前，国内多采用二、三元杂交猪进行育肥。

3. 选好育肥仔猪

育肥猪要选用健壮无病的仔猪，最好采用自繁自养模式，可以防止疫病的入侵。没有条件自繁自养的，在购买仔猪时，要选体态结实、健壮、匀称、骨骼粗大、吃得多、长得快和尾巴粗而短的仔猪，这是确保育肥猪90天出栏的基础。购买仔猪时还要详细了解仔猪在种猪场的免疫情况，购进后应进行预防接种和驱虫等。

4. 不去势

现代培育的瘦肉型猪性成熟晚，增重快，在高饲养水平下饲养90天就可达屠宰体重，因此，用于育肥的公、母猪均不去势。生产实践证明，公猪不去势育肥比母猪和阉猪增重快，瘦肉率提高。

5. 合理分群

育肥猪分群时，要根据猪的强弱、大小，公母进行分群，并保持定群后的相对稳定。如果在育肥时必须要重新组栏，应遵循留弱不留强，拆多不拆少的原则。

6. 做好日常的饲养管理

育肥猪要做好猪的保健饲养，要给猪提供安静、合理、舒适的生活环境，尽量减少猪对外界的各种不良应激反应。要根据气候变化，冬天注意防寒保暖，夏天注意防暑降温。饲养密度不能过大。切实搞好栏舍粪尿的清扫和清洁卫生工作，保持栏舍干燥，并及时杀灭老鼠、蚊蝇等。每次进猪前和出猪后必须将栏舍进行一次彻底的冲洗及全面的消毒处理。

7. 注意防病

疾病的防控是高效饲养成败的关键。养殖场要有完备的消毒设施、设备(如入口消毒池、紫外线灯、进门洗手液等),任何人进出猪场都要穿工作服并严格消毒。要严格执行免疫程序,掌握控制疾病的主动权。平时每周消毒一次,有利于阻止疾病的传播。清洗消毒一定要严格,绝对不能留死角,从根本上控制因猪调运频繁而造成的疾病传播。要严格执行全进全出制度,每批猪出栏后必须空圈(栏)7 天。此外,要严禁猪吃人、畜粪便,以防止寄生虫病的传染,并要有计划地进行驱虫。

8. 适时出栏

育肥猪适时出栏应考虑到屠宰率、肉质品质和经济成本三个因素。猪的生长发育规律是前期增重慢、中期增重快、后期增重又变慢,出栏体重过大,日增重下降,饲料消耗多,成本增加,不经济;出栏体重过小,日增重少,虽然省饲料,但屠宰率低,肉质不佳,也不经济。因此,从断奶开始直线育肥的仔猪,饲养 60 日龄,杂交猪体重在 90～100 千克,早熟小型品种猪体重在 75～85 千克,晚熟大型品种猪体重在 90～110 千克适时出栏,经济效益最好。

第二节　获得育肥猪的经济杂交方法

育肥猪在生产上应用较广且简单易行的,是购买良种瘦肉型猪品种的后代直接育肥或以本地猪种作母本进行品种间杂交获得的仔猪育肥,本节主要介绍以本地猪种作母本进行品种间杂交获得仔猪育肥的方法。

猪的经济杂交属于生产性杂交,不同品种杂交所得到的杂种猪,比纯种亲本具有较强的生活力,在生长肥育过程中,具有好喂养、生长快、抗病力强、育肥周期短等特点。大量试验证实，采用二元杂交猪，比纯种猪日增重提高15%～20%，三元杂交猪比纯种猪日增重提高25%左右。目前国内多采用长白猪与大约克杂交的母猪，再与杜洛克、皮特兰公猪或汉普夏公猪交配，从而获得最佳的三元杂交后代。

1. 杂交品种、亲本的选择

所谓杂交亲本，是指杂交所用的公猪和母猪，其中杂交的公猪称为父本，杂交的母猪称为母本。

(1)常用的优良猪种：我国地方优良品种有太湖猪、北京黑猪、荣昌猪、内江猪、大白花猪、金华猪、上海白猪、三江白猪、哈尔滨白猪、两头乌猪、成华猪、合作猪、陆川猪、宁乡猪、八眉猪和淮猪等。它们的特点是性成熟早，繁殖力强，耐粗饲，适应性强，肉脂兼用，腹脂率高，但生长发育速度较引进的良种猪慢些。

我国引进良种猪有长白猪、大约克猪、杜洛克猪和汉普夏猪，这些猪种在我国经过纯繁和驯化，已经成为我国猪种资源的组成部分。它们的特点是体型大，生长发育快，饲料报酬高，瘦肉率高，在我国杂交瘦肉猪生产中发挥着重要的作用。

(2)亲本的选择

①母本品种的选择：应选择在本地区数量多、分布广、适应性强的本地猪种作为杂交母本。这是因为这种母本适应性强，对饲料条件要求不高，猪源容易解决。另外，应选择繁殖力强、母性好、泌乳力高的猪种作母本，这有利于杂种仔猪的成活和生长发育，有利于降低杂种仔猪的生产成本。在不影响杂种仔猪生长速度的前提下，母本体型不一定要求太大。

②父本品种的选择：父本品种的遗传性生产水平要高于母本品种。应选择生长速度快，胴体品质好，瘦肉率高，饲料

利用能力强的猪种作父本。具备这些性状的一般都是经过高度培育的猪种，如长白猪、大约克猪、杜洛克猪、新淮猪、哈白猪、新金猪等。另外，还应选择与杂种所要求的类型相同的猪种作父本。如要求杂种的瘦肉率高，而且在当地饲料条件较好的情况下，可选用长白猪、大约克猪、杜洛克猪等作杂交父本。至于父本的适应性和种源问题可放在次要地位考虑，一般多用外来品种作杂交父本。

2. 杂交方式

猪的经济杂交方式有多种，下面介绍经济杂交中常用的3种方式。

(1)二元杂交：二元杂交又叫二品种杂交或单杂交，是最简单、最普遍采用的一种杂交方式。它是选用2个不同品种猪分别作为杂交的父母本，只进行一次杂交，专门利用第一代杂种的杂种优势来生产育肥猪。其特点是杂种一代，无论公母猪，全部不作种用，不再继续配种繁殖，而全部作为经济利用。例如，用长白猪与金华猪杂交所产生的子一代仔猪全部用于育肥猪生产。

这种杂交方式简单易行，只需进行一次配合力测定即可，对提高育肥猪的产肉率有显著效果。但这种杂交方法只能利用仔猪的优势，不能充分利用母猪繁殖性能的杂种优势。另外，用于更新的种猪必须是纯种猪，所以要经常维持一定数量纯种母猪群，成本较大，这对养猪生产者来说是很不利的。

(2)二元轮回杂交：两个品种杂交后，选择优秀杂种后代母猪，逐代地分别与原始亲本品种轮回杂交，如此继续不断地轮回下去，以保持杂种的优势，凡是杂种的公猪和不合格的杂种母猪都作为肥育猪。

(3)三元杂交：三元杂交又叫三品种杂交，即先用两个品种猪杂交，产生在繁殖性能具有显著杂种优势的子一代杂种母猪，再用第二个父本品种猪与其杂交，产生的后代全部作为育肥猪生产。在杂交过程中，一般第一、第二父本利用高瘦肉率的品种，而且第二父本还应选择生长发育快、肥育性能好的公猪。例如，在养猪生产中采用的杜×长×本、汉×长×本等杂交形式都属于三品种杂交。

三品种杂交的杂种优势一般都超过二品种杂交。其优点是杂种母猪的生活力和繁殖力上本身就有杂种优势，产仔多、哺育能力强，有利于杂种仔猪的生长发育，杂种母猪再与第二个优良父本杂交，杂种仔猪的优势加上母本的优势，可获得经济价值更高的三品种杂种。

三品种杂交的缺点是需要三个品种的纯种猪源，而且需要二次配合力测定，虽然其杂种优势高于两品种杂交，但成本比较高，而且三元杂交利用了二元杂交一代杂种作母本，遗传性不够稳定，容易受生活条件的影响而改变，需要进行严格选择，否则杂交效果不稳定。

3. 我国的优良杂交组合

(1)杜长大(或杜大长)：该杂交组合是以长白猪与大白猪的杂种一代作母本，再与杜洛克公猪杂交所产生的三元杂种。这是我国生产出口活猪的主要组合，也是大中城市菜篮子基地及大型农牧场所使用的组合。

(2)大长本(或长大本)：即以地方良种为母本，以长白猪或大白猪和大白猪或长白猪分别为第一和第二父本进行三元杂交所生产的肥育猪。该组合为我国大中城市菜篮子工程基地和养猪专业户所普遍采用的组合。

(3)长本(或大本):即用地方良种母猪与大白猪或长白公猪进行二元杂交所生产的杂交猪,比较适合农村饲养。

4. 影响杂种优势的因素

(1)杂交亲本的影响:亲本性能的好坏,直接关系到杂交后代的质量,决定杂种优势的高低。

(2)数量性状遗传的影响:一般情况下,数量性状遗传力越高,选育效果越好,但杂种优势效应往往不明显;遗传力越低,选育效果越差,但杂种优势效应明显。

(3)杂交方式的影响:两品种杂交不能利用杂种母猪繁殖性能的杂种优势,杂种肉猪生长发育性能以及胴体品质的提高幅度不如其他形式的杂交,因此是不完全形式的杂交方式。两品种杂交时,正反杂交效果也不同。三品种杂交比两品种杂交效果好。原因为三品种杂交时不仅利用了杂种猪生长快、胴体瘦肉率高的优点,而且还利用了二品种杂交产生的一代母猪生存力强、产仔多、哺育率高的杂种优势,是杂种优势利用比较完全的形式之一。

(4)饲养管理条件的影响:不同饲养管理条件对杂种优势有不同的影响。要保证杂种猪发挥杂种优势效应,必须有良好营养条件以及环境条件。多品种杂交所要求的营养条件和环境条件一般高于两品种杂交。

(5)不同个体的影响:个体间的差异对杂交效果有一定影响。例如,年龄不同对杂交效果的影响,壮年母猪(经产)比青年母猪窝产仔数及窝产活仔数均多。

第三节　育肥猪生产中应注意的问题

当猪场(专业户)掌握了养猪生产技术又具有一定规模时,经营管理就显得特别重要。同样生产技术和规模的猪场(专业户)之间,经济效益相差悬殊,有的盈利多,有的盈利少,主要原因是经营管理不同。

1. 了解肉猪价格的周期性

我国现阶段养猪仍以千家万户养殖为主,有许多养猪户只看眼前利益,不进行市场预测和分析,往往造成养猪亏损。

市场肥育猪价格有周期性波动。当养猪总头数减少,市场肥育猪价格上升,利润逐渐增加,养猪户就会增加,原有养猪户也会根据市场价格和获得的利润考虑扩大再生产,如增加母猪饲养量,减少小母猪出栏等使市场肥育猪供给量进一步减少,肥育猪价格能维持比较高的水平,这段时间需一年半左右。相当于小母猪生长发育成熟,配种后妊娠,产出的仔猪育成肥育猪所需时间。一年半以后肥育猪上市量增多,肥育猪价格就会出现下跌趋势。当肥育猪价格低到微利或无利时,养猪户因担心价格会进一步降低而提前出栏和淘汰母猪,使市场肥育猪的供给量继续增加,使肥育猪价格进一步下跌,大约需经过半年时间,待存栏肥育猪差不多售完,才会出现肥育猪总量减少,肥育猪价格再回升。

一般上市肥育猪的高峰大约出现在肉价高峰后的2年。上市肥育猪数量减少大约出现在肥育猪价格降低后的1～2年。

2. 养殖规模要适度

养猪规模的大小与经济效益的高低并不是任何时候都呈正比例，只有当生产要素的投入规模与本猪场经营管理水平相适应，而且产品又适销对路时，才能获得最佳经济效益。

3. 做好成本核算

一般来说，养猪成本越低盈利越多，成本越高盈利越少，因此养猪者为了最大限度提高经济效益，必须搞好成本核算。成本核算能使经营者弄清经营管理中的问题，明确以后养猪的发展方向和制定改善经营的措施。通过成本核算不断地考核自己的经营成果，挖掘猪种和饲料配方的潜力，寻求节省人工的途径等。如不进行成本核算，经营者就会处于盲目状态，弄不清问题所在，无从着手改进。而经过成本核算就可以做到心中有数，并找到解决问题的科学依据，提出今后发展养猪的最佳方案。

养猪场的成本核算主要包括养猪生产费用核算和猪群成本核算。成本核算对养猪场意义重大，它关系到养猪的成败。

(1)生产费用核算：养猪生产的费用核算主要包括劳动消耗核算、物资消耗核算、初期存栏价值核算和利息核算等。

①劳动消耗核算：包括交付给饲养人员、配种、防疫、饲料生产、加工人员的工资和福利费等开支。计算支付产品的工资，是用工资单价乘以投到该产品的总用工数。

工资单价计算公式如下：

工资单价＝实际支付工人的工资福利费总额/实际投入生产工数

②物资消耗核算：饲料，包括各种饲料的消耗和金额。垫

草，包括栏内所用垫草的数量和金额。燃料，包括猪场生产所用燃料费用。医疗费，包括预防和治疗疾病所耗医疗费。折旧费，包括房舍及其他设备的折旧费。

③初期存栏价值：包括初期猪场全部存栏猪的重量所作出的估计价值，以及本期内购入的种猪价值。

④利息：包括借款利息和自有资金应获利息。一般养猪户，只把当年借款所付利息计入成本，对自有资金不计利息支出，这是不合理的。因为自有资金如不用于养猪，存入银行是有利息收入的，因此应把养猪生产占用的自有资金计算利息支出，把这部分利息计入成本。

⑤其他费用：包括猪场内不属于上述费用的其他支出。

(2)猪群成本核算：猪群成本核算包括猪活重成本核算和猪的增重成本核算。

①猪的活重成本核算：猪的全年活重总成本等于年初存栏猪的价值，加购入及转入猪的价值，再加全年饲养费用减全年粪肥价值。

猪每千克活重成本，等于猪的全年活重成本除以猪的全年活重。

每千克活重成本，分别乘以年末存栏猪、转出猪和出售猪活重，就可得出年末存栏猪总成本和离群猪的总成本。

②猪的总重成本核算：计算每增重1千克的成本，先算出猪群的总增重，再计算其每增重1千克的成本。猪群的总增重等于期内存栏猪活重，加期内离群猪活重（包括死亡）减期内购入、转入和初期结转猪的活重。

猪群每千克增重成本等于该猪群全部饲养费用（包括死亡猪）减副产品收入后除以猪群总增重（千克）。

③成年猪群成本核算：

生产总成本＝直接费＋共同生产费＋管理费

产品成本＝生产总成本－副产品收入

单位产品成本＝产品成本÷产品数量

④仔猪成本核算：包括基础母猪和种公猪的全部饲养费用。一般以断奶仔猪活重总量（千克）除以基础猪群的饲养总费用（减副产品收入），即得仔猪每千克活重成本。

（3）发现成本中的问题：对自己的养猪成本构成，应分期分批、精打细算逐项考核，分批核算便于计算每头猪的平均成本和项目成本，用前后两批出栏猪的成本对比分析，同时考虑各项费用支出的效用和问题。为了搞好成本核算，必须建立账目，制订明细表，记录每批养猪的各项费用支出。这些记录不仅对当时成本核算有用，也对今后长期分析比较提供资料。在养猪成本中，仔猪和饲料费约占总成本的90％左右，而饲料费不应超过60％，在实际支出中如果超过60％，就应检查超出的原因，如饲料价格高、饲料质量差用量多、浪费的多、损耗增加等，找出问题和解决方法。

在正常情况下毛猪价格与饲料粮（玉米）价格比为1∶5时是养猪平衡点。比例越高盈利越多，低于1∶5时就亏损。一般养猪毛利应是猪价的20％。

4. 降低养猪成本

降低养猪成本的主要途径有两个方面，一是努力提高产量，二是尽可能节约开支。

（1）在养猪生产中，饲料费用占养猪总支出最大，约为55％～60％，如能更好地根据猪的生长发育特点，制订出适合本地区，价格便宜的饲料配方，就可降低饲料成本。

(2)实行自繁自养可降低饲养成本。一般购买仔猪费用占总支出费用的30%～35%,仅次于饲料支出费用,自繁自养可以降低育肥用断奶仔猪的成本费,并可预防疫病的传染。

(3)在保证生产的前提下,节约其他各项开支,压缩非生产费用也是降低成本的重要途径。

第一,充分合理利用猪舍和各种机具及其他生产设备,尽可能减少产品所应分摊的折旧。

第二,节约使用各种原材料,降低消耗,减少浪费,其中包括饲料、垫草、燃料、医药费等。

第三,努力提高出勤率和劳动生产率,在实行工资制的劳动报酬时,在每工作日报酬不变的条件下,劳动生产率越高,产品生产中支付的工资越少。

第四,尽可能精简非生产人员,精打细算,节约企业管理费用。

(4)疫病防治费用虽然占养猪成本很少的比例,但很多生产者尤其是农村养猪户,存在侥幸心理,少用或不用疫苗,采用价低质差的药物,以降低生产投入,往往导致疫病发生增加或死亡率增加,造成更大的经济损失。

5. 正确认识与使用饲料

(1)青粗饲料的合理利用:在我国传统的农村养猪生产中,有使用青、粗饲料喂猪的习惯,或者说是主要靠青、粗饲料来喂猪。现代大规模生产中,由于来源和使用的方便性等问题,青、粗饲料较少使用。是否使用青、粗饲料应视喂猪的具体情况而定。农家养猪或是农村大规模养猪可以广泛使用,妊娠母猪、空怀母猪和后备母猪可大量饲喂。种公猪、后备公猪和肥育猪应少量饲用。因种公猪喂量过大造成草腹,不利配种。生产肥育猪饲喂过多会降低精料采食量,影响生长速度。酒糟、粉渣、酱渣、糖渣等传统粗饲料，经处理后对空怀、妊娠母猪、60千克以上后备母猪都是很好的填充料，可以大量使用。仔猪、幼猪应不用，哺乳母猪、肥猪及种公猪应少量使用。青、粗饲料使用得当，既可降低养猪成本，又可获得很好的养猪生产效果。

(2)合理选用添加剂、预混料或浓缩料：事实上，所有种类的猪只，在圈(栏)养条件下都需要添加含有维生素、微量元素、氨基酸等猪只生长发育与繁育的必需成分，而常用的玉米、豆粕、麦麸这些谷实类、饼粕类和糠麸类饲料中没有或含量不足。因此，各种猪只都应使用添加剂、预混料或浓缩料。农家养猪或小规模猪场应选用添加剂比例较大的浓缩料，只要加入玉米、豆粕、麦麸等主料就可配成全价料。在豆饼价格较高，养猪规模很小时，还可考虑添加比例更大的浓缩料，只需要加入玉米、麦麸即可保证饲喂效果，也不会增加饲料成本。

(3)正确使用饲料配方：很多养猪生产者热衷于寻求“好”的饲料配方，这说明生产者重视饲料品质的作用。实际上，几乎所有的浓缩料生产企业，都为用户提供饲料配方，并可根据用户饲料情况，负责调整配方。问题在于，很多农户或小规模养猪场只注意配方里添加的是什么东西，不注意添加比例。而改动添加比例，实际上就是改变配方。配制饲料时，应严格按照配方去做，不能随意改动。

(4)饲料成本：占养猪总成本的70%左右，降低饲料成本以增加养猪效益确实是一条有效途径，但很多养猪经营者只注重降低单位重量饲粮的成本，而忽视了饲粮的质量，甚至采用劣质原料，结果导致饲料报酬大幅度降低，反而使单位增重的饲料成本增加，事与愿违。

第二章　猪场的规划与建设

规模养猪如果有足够面积的旧猪舍加以改建后，能达到标准也可以利用。如果新建猪场必须在村外建场养殖，应根据当地条件、气候类型建造猪舍。

第一节　生产计划

养猪生产在经营开始，首先要根据猪源、饲料和圈(栏)舍的实际情况制订饲养计划，筹措资金，然后确定年饲养规模、养殖管理方式等。

一、养殖模式

对于刚进入养猪业的人来说，第一个面对的问题不是建设、不是管理，而是如何选择好的养猪模式。目前，在我国多种养猪模式并存，每种模式都有其优势，也有其不足。每种模式都有成功的，也有失败的，简单地说某个模式“好”与“不好”都是片面的、不科学的。下面对目前我国的养猪模式做简要介绍，供养殖者选择时参考。

1. 专业育肥模式

专业育肥模式就是购买断奶仔猪，育肥后再出售，每个栏舍每年可饲养 3～4 批育肥猪。购买断奶仔猪育肥，只要把好进仔猪关，对技术的要求比母猪低，但是购买仔猪的资金成本较高。而且目前很少有专业的仔猪繁育基地，加上大多数养猪者贪便宜，认为专业猪场仔猪价格偏高，因此所购仔猪大多来自千家万户，病源复杂，加上防疫不规范，疫病风险不可避免，历次疫病大流行损失最大的往往就是这类猪场。

专业育肥模式对市场价格是最敏感的，赚钱的往往是有一定经验，对市场行情把握较好的人。而有些经验不足的人，往往猪价高峰时跟风而高价购进仔猪，猪养肥了，猪价跌了，极大挫伤了养猪者的热情和信心。

2. 自繁自养模式

这种模式是指养猪专业户从种猪生产、仔猪繁育、育肥猪育肥直到出栏销售全部都由自己完成。该模式的主要优点是从场外购猪的几率减少，购猪时带入疫病的几率也随之减少；可以获得仔猪和育肥猪两部分收益，利润较高。自繁自养的养猪户可分为大、中、小 3 种规模。

(1)自繁自养的小规模养殖户，一般养母猪 10 头以下，年出栏育肥猪 200 头左右。小规模的自繁自养户部分是由专业母猪养殖户转变而来的，例如，行情差时，仔猪价低，舍不得卖，便自己育肥，直到出栏。往往仔猪价低时行情差，但当仔猪育肥出栏时行情已经好转，反而盈利较好，于是便从养母猪卖仔猪逐渐转变为自繁自养，规模逐渐扩大。在我国，这部分养殖户数量庞大，不分地域，各地均普遍存在，是我国育肥猪生产的中坚力量。

(2)自繁自养的中、大规模养猪场，需要雄厚的资金实力，同时需要占用大量的土地，产生大量的粪、尿、污水，对周围生态环境带来的压力较大。中、大规模养猪场的存栏母猪数量在50头以上,年出栏育肥猪在1000头以上。中、大规模养猪场在资金、技术方面具有明显的优势,代表着各地比较高的养殖水平,可以为社会提供大量的优质安全的猪肉,满足人们的需求。

3. 公司+农户养猪模式

公司+农户养猪模式往往是多元化、产业化经营,以养猪业为主,兼营饲料、动物保护、屠宰等相关产业;为农户提供配套服务,提供饲料、动物保护、育肥猪回收、技术咨询等;提供种猪、育肥用仔猪。其优点除了多元化经营的好处外,养猪的部分固定资产投资相对减少(公司不用建育肥舍,把育肥阶段交给农户);整体养猪规模易滚动扩大,最大的好处是能带动农民养猪致富,所以,农民欢迎、政府支持、融资能力强。其缺点是运作复杂困难,资金链风险大,受农户信誉度的影响很大。另外的一个弱点,就是给农户提供仔猪、饲料、药物时往往要赊欠,等育肥猪产品回收后再结算,这就需要大量的流动资金,只有财力雄厚或融资能力强的公司才能做到。

4. 养猪合作社模式

养猪合作社是猪养殖的理想模式,介于农户散养和规模养殖场之间,是猪养殖由分散向集中发展的类型,各地发展养猪合作社模式已经成为一种流行趋势。

(1)有利于猪养殖形成规模优势:近年来,猪养殖迅速发展,传统的家庭散养户已积蓄了一定的资金,同时还拥有了科学的饲养管理技术,这部分养殖户迫切需要寻求新的养殖模式,使自己的养殖生产获得更大的利益。

(2)有利于猪养殖向产业化方向发展:养猪合作社是一个

专业化很强的养殖模式，有其特定的养殖规模、养殖模式，生产的育肥猪在销售上有其特定的销路。这使得与养殖合作社建设配套的销售服务机构有着专业的服务能力，逐步使得合作社所在的地域逐步形成各种专业村、专业乡，形成具有区域优势和产业优势的生产基地，推进郊区和农村养殖业产业化的进程。在专业化形成的基础上，养殖合作社配套建设相关服务组织机构，使养殖企业、养殖户能对市场信息及时准确的掌握，同时具备一定的市场控制能力。

(3)有利于种、养结构优化:这种养殖模式变农户零星散养为规模集中联片饲养，使分散的养殖户把育肥猪养殖由家庭副业变成主业，使更多的农户投入到养殖业的生产经营中。育肥猪养殖的大力发展，优化了畜牧养殖业生产结构。目前，在建设育肥猪养殖合作社的同时，为保护环境各合作社都配套建设粪污处理场所，一般为修建沼气池和种植作物、果树。这样的种植和养殖配合建设模式使与育肥猪养殖相关的粮食、蔬菜和水果等产业得到发展，优化了种植业结构，使农业结构调整取得重大突破。

(4)有利于农民收入增加:养猪合作社科学的管理可以使育肥猪患病几率降低、相关养殖资源得到充分运用，环境污染问题得到妥善处理，降低生产成本，提高经济效益。同时，养猪合作社的建设会带动周边相关产业的发展，例如，为保证粪污有效合理排放而建立的果林或相应种植作物，为保证育肥猪运输的运输业等。带动的相关产业能够吸收大量农村剩余劳动力，为农民的增收致富提供广阔的空间。当前育肥猪养殖业已经成为许多小城镇地区的主导产业和新的经济增长点。

(5)有利于区域的可持续发展:为防止疾病的传播,养猪合作社一般建设在距离村民生活较远的地区,这样的建设对环境起到了保护作用。另外,养殖合作社采用集中式的管理方式,区内统一的管理、规划、设计使养殖更加科学合理,同时污染也得到统一的处理,污染防治效果明显。养殖合作社拥有完善的配套设施,多数合作社区内都运用了循环原理,粪污能变废为宝,解决能源的紧张,减少农户的开支。

二、饲养规模

养猪的数量,要因人而异、因地而异、因时而异。养殖场地大,资金雄厚,已具备一定的养猪技术和管理能力,当地资源丰富,可以多养;反之,人力、物力、财力和饲养管理能力均不具备,则开始的规模不要太大。

笔者建议刚进入养猪业者,小规模可以从养基础母猪10头开始,专业性小型养猪场规模以饲养种母猪30~50头为宜,中型养猪场以饲养种母猪100头左右为宜。饲养规模过小,经济效益不高;饲养规模过大,如果资金、人力、物力条件达不到要求,饲养管理水平粗放,良好的生产潜力不能充分发挥,而且容易诱发多种疾病,造成巨大的经济损失。

三、育肥方式

猪的育肥分为直线肥育和吊架子育肥2种方式。

1. 直线育肥法

直线育肥法又叫一条龙育肥法,是以应用配合饲料和现代商品瘦肉猪品种为基本特征的一种育肥法,尤其适用于猪的集约化饲养和工厂化生产。其主要特点是仔猪从断奶到出栏，不分小、中、大阶段，使其骨肉一起生长，直至出栏的一种科学饲养方法。这种方法在较短的时期内，相对集中了较多的精料，比较充分地满足了育肥猪各阶段的营养需要，发挥了育肥猪的增重潜力，长得快，缩短了育肥期，节省了由于拖延育肥期消耗的饲料。全期饲料转换效率较高，从饲料利用和增重角度来看是比较经济的。此外，由于缩短了育肥期，提高了出栏率和商品率，同时也大大提高了圈（栏）舍和设备的利用率，但需要精饲料较多。

2. 吊架子育肥法

吊架子育肥是采用后期育肥法，当猪架子长成后，大量的喂给富含碳水化合物的谷物饲料进行催肥的方法。

生产实践证明，在经济效益上直线育肥好于或高于吊架子育肥。所以，育肥猪 90 天出栏养殖法采用直线育肥方法。

第二节　猪场规划

规模化养殖育肥猪，猪舍建造是无公害育肥猪生产的重要基础，选择猪场场址，既需要考虑猪的生活习性，还需要考虑建场地点的自然条件和社会条件，理想的猪场场址包括选择场址、规划与布局、设备、猪舍建筑等方面。

一、新建猪场

猪舍是饲养管理猪的场所，其建筑结构合适与否，对降低消耗，减少发病，提高饲养人员的劳动效率，实现高效、快速养猪十分重要。因此，圈（栏）舍的设计，应满足猪生长发育的要求，便于科学饲养管理，有利于人畜卫生为目的，要建在地势高燥，避风向阳，无污染源，饲养管理方便的地方。圈（栏）舍的大小及样式要因地制宜，视需要而定。

（一）场址选择

选择场址是建造养猪场的第一步，是基础性工作，选址的不科学对养猪场有着至关重要的影响。近几年，农村新建的养猪场为了节省费用、方便运输，很大一部分是在自家离公路比较近（甚至临接公路）的庄稼地里采用骨架大棚的形式建场的，这是他们只注意了节省投资和方便，而忽视了场址选择的科学性，一旦出现疫情，造成的后果将是毁灭性的。

规模化养猪场规划与建设涉及面积、地势、水源、防疫、交通、电源、排污与环保等诸多方面，需要周密计划，事先勘察，才能选好场址。规模越大，选址条件越严格，如果养猪数量少，则视情况而定。

1. 节省土地

土地的使用应符合当地城镇发展建设规划和土地利用规划要求与相关法规，以不占用基本农田、节约用地、合理利用废弃地为原则。

2. 地势选择

养猪场的地势应选择地势高燥的地方，这样有利于通风换气和节省处理地面的投资；地下水位应在2米以下，并远离沼泽地和蚊蝇孳生的地方。另外，还应注意向阳，以利于光照和保暖。

3. 地形选择

地形要开阔整齐，有足够的面积，但不可过于狭长或边角过多，否则就不利于养猪场建筑物的合理布局，还会造成运输和管理上的不方便。一般选择养殖场面积时按可繁殖母猪每头40～50平方米、商品猪每头3～4平方米考虑。地面应平坦而稍有缓坡，以利排水，坡度以1%～3%为宜，最大不超过25%。

4. 土质选择

建造养猪场的土壤要求透水性、透气性好，容水量及吸湿性小，毛细管作用弱，导热性小，保温良好，没有受病原微生物污染的沙壤土。但有时往往受客观条件的限制，也可以从建筑物设计以及生产管理上去弥补土壤的缺陷。

5. 防疫隔离条件

最好距离主要干道400米以上，一般距离铁路与一二级公路不应少于300～400米，最好在1000米以上，距离三级公路不少于150～200米，距离四级公路不少于50～100米，但考虑到饲料、猪的运输和出售，猪场不宜太偏僻，应在交通较为便利的地方。同时，要距离居民点、工厂500～1000米以上。如果有围墙、河流、林带等屏障，则距离可适当缩短些。距离其他养殖场应在500～1500米以上，距离屠宰场和兽医院宜在1000～2000米以上。禁止在旅游区、自然保护区、古建保护区、水源保护区、畜禽疫病多发区和环境公害污染严重地区建场。

6. 水源水质

猪场水源水质要求水量充足，水质良好，便于取用和进行卫生防护。水源水量必须能满足场内生活用水、猪只饮用及饲养管理用水（如清洗调制饲料、冲洗猪舍、清洗机具、用具等）的要求。在自动饮水的情况下，猪的需水量平均为每千克干饲料需水3千克。

7. 电源保障

选择养猪场场址时，还应重视供电条件，特别是机械化程度较高的养猪场，更要具备可靠的电力供应。另外，为减少供电线路的投资，应靠近输电线路，尽量缩短新线路架设距离。

8. 注意长远

在选择养猪场场址考察各项指标时(如地形、水源等)，应有长远的规划和发展的眼光，为养猪场以后的发展留有余地，使各项指标不但能适应当前的要求，也能满足以后发展的需要。

(二)总体布局、规划

1. 布局原则

场区规划要本着有利于防疫、便于饲养管理、提高生产效率和优化场区小气候等原则。在规划中，要考虑猪场的发展、地形地势、场内运输、气候条件、生产工艺等因素，合理安排道路、供水、排污和绿化等。

(1)利于生产：猪场的总体布局首先要满足生产工艺流程的要求，按照生产过程的顺序性和连续性来规划及布置建筑物，达到有利于生产，便于科学管理，从而提高劳动生产率。

(2)利于防疫：规模猪场猪群规模大，饲养密度高，要保证正常的生产，必须将卫生防疫工作提高到首要位置。一方面在整体布置上应着重考虑猪场的性质，猪体本身的抵抗力，地形条件、主导风向等；另一方面还要采取一些行之有效的防疫措施。应尽量多地利用生物性、物理性措施来改善防疫环境。

(3)利于运输：猪场日常的饲料、猪及生产和生活用品的运输任务非常繁忙，在建筑物和道路布局上应考虑生产流程的内部联系与对外联系的连续性，尽量使运输路线方便、简捷、不重复。

(4)利于生活管理：猪场在总体布局上应使生产区和生活区做到既分隔又联系，位置要适中，环境要相对安静。既要为职工创造一个舒适的工作环境，同时又便于生活、管理。

2. 总体布局方法

猪场在布局上应该分 3 个功能区，即生产区、生产辅助区、管理与生活区等。

(1)生产区：生产区包括各类猪舍和生产设施，是猪场中的主要建筑区，一般建筑面积约占全场总建筑面积的 70%～80%。

生产区猪舍可有配种舍、妊娠舍、分娩舍、保育舍和育肥舍。

种猪舍要求与其他猪舍隔开，形成种猪区。种猪区应设在人流较少和猪场的上风向，种公猪在种猪区的上风向，防止母猪的气味对种公猪形成不良刺激，同时可利用种公猪的气味刺激母猪发情。分娩舍既要靠近妊娠舍，又要接近培育猪舍。育肥猪舍应设在下风向，且离出猪台较近。在设计时，使猪舍方向与当地夏季主导风向成 30°～60°角，使每排猪舍在夏季得到最佳的通风。总之，应根据当地的自然条件，充分利用有利因素，从而在布局上做到对生产最为有利。在生产区的入口处，应设专门的消毒间或消毒池，以便进入生产区的人员和车辆进行严格的消毒。兽医室应设在生产区内，只对区内开门，为便于病猪处理，通常设在下风方向。

(2)生产辅助区：生产辅助区包括饲料厂及仓库、水塔、水井房、锅炉房、变电所、车库、修配厂等。它们和日常的饲养工作有密切的关系，所以这个区应该与生产区毗邻建立。自设水塔是清洁饮水正常供应的保证，位置选择要与水源条件相适应，且应安排在猪场最高处。

(3)管理与生活区：管理与生活区包括食堂、职工宿舍、办公室、接待室、财务室、会议室、技术室、化验分析室、饲料加工车间、饲料仓库、修理车间、变电所、锅炉房、水泵房、车库等，一般设在生产区的上风向，或与风向平行的一侧。

(4)病猪隔离间及粪便堆存处：病猪隔离间及粪便堆存处应远离生产区，设在下风向、地势较低的地方，以免影响生产猪群。

(5)猪场道路：道路对生产活动正常进行，卫生防疫及提高工作效率起着重要的作用。场内道路应净、污分道，互不交叉，出入口分开。净道的功能是人行和饲料、产品的运输，污道为运输粪便、病猪和废弃设备的专用道。生产区一般不设通向外界的道路，管理区和隔离区分别设路通向场外。

(6)排水：场区地势宜有1%～3%的坡度，路旁设排水沟，以利于雨雪水的排出。猪场废物、污水处理是猪场疫病控制的一个组成部分，猪场应结合本场特点，建立完整的废物、污水处理系统。

(7)绿化：绿化不仅美化环境，净化空气，也可以防暑、防寒，改善猪场的小气候，同时还可以减弱噪声，促进安全生产，从而提高经济效益。因此，在进行猪场总体布局时，一定要考虑和安排好绿化。

(三)猪舍设计及类型

1. 猪舍建筑设计原则

(1)猪舍排列和布置必须符合生产工艺流程要求：一般按

配种舍、妊娠舍、分娩舍、保育舍、后备猪舍和肥育舍依次排列，尽量保证一栋猪舍一个工艺环节，便于管理和防疫。

(2)猪舍的设计处理。依据不同生长时期猪对环境的要求，对猪舍的地面、墙体、门窗等做特殊设计处理。

(3)猪舍建筑要便利、清洁、卫生，保持干燥，有利于防疫。

(4)猪舍建筑要与机电设备密切配合，便于机电设备、供水设备的安装。

(5)因地制宜，就地取材，尽量降低造价，节约投资。

2. 猪舍建筑常见类型

猪舍依其结构、猪栏和功能等形式，可分为多种类型。

(1)按屋顶形式分为单坡式、双坡式、平顶式等。

①单坡式：跨度小，结构简单，造价低，光照和通风好，适合小规模猪场。

②双坡式：跨度大，双列猪舍和多列猪舍常用该形式，一般用石棉瓦、小青瓦或彩塑瓦，造价低于平顶水泥预制件猪舍，但夏季应另设防暑降温系统，控制猪舍内温度，可采用自然通风和排风扇辅助通风。

③平顶式：适于各种跨度，如做好保温和防水，使用比较好，但造价较高。

(2)按墙的结构和有无窗户分为开放式、半开放式和封闭式。

①开放式：猪舍三面设墙，一面无墙，通风采光好，结构简单，造价低，但受外界影响大，较难解决冬季防寒问题。

②半开放式猪舍(见彩图1)：三面设墙，一面设半截墙，其保温性能略优于开放式，冬季若在半截墙以上挂草帘或钉塑料布，能明显提高其保温性能。

③密闭式猪舍:按建筑材料可分为塑料大棚结构(见彩图2)和砖石结构(见彩图3);按有无窗分为有窗式和无窗式。有窗式四面设墙,窗设在纵墙上,窗的大小、数量和结构应结合当地气候而定。一般北方寒冷地区,猪舍南窗大,北窗小,以利保温。为解决夏季有效通风,夏季炎热地区还可在两纵墙上设地窗,或在屋顶上设风管、通风屋脊等。有窗式猪舍保温隔热性能好。无窗式四面有墙,墙上只设应急窗(停电时使用),与外界自然环境隔绝程度较高,舍内的通风、采光、舍温全靠人工设备调控,能为猪提供较好的环境条件,有利于猪的生长发育,提高生产率,但这种猪舍建筑、装备、维修、运行费用大。

(3)按猪栏排列分为单列式、双列式和多列式。

①单列式:猪栏一字排列,一般靠北墙设饲喂走道,舍外可设或不设运动场,跨度较小,结构简单,省工、省料造价低,但不适合机械化作业。

②双列式:猪栏排成两列,中间设一工作道,有的还在两边设清粪道。猪舍建筑面积利用率高,保温好,管理方便,便于使用机械。但北侧采光差,舍内容易潮湿。

③多列式:猪栏排列成三列以上,猪舍建筑面积利用率更高,容纳猪多,保温性好,运输路线短,管理方便。缺点是采光不好,舍内阴暗潮湿,通风不畅,必须辅以机械,人工控制其通风、光照及温湿度。

(4)按猪舍的用途分为配种舍、妊娠舍、分娩舍、保育舍和育肥舍等。

①配种舍:包括公猪栏和待配母猪栏,小规模的猪场常分别建种公猪舍和母猪舍,采用单列带运动场的开放式。大规

模的猪场的配种舍可设计为双列式和多列式。

②妊娠舍：妊娠母猪舍可设计为双列式和多列式。小规模的猪场可采用单列带运动场的开放式。

③分娩舍：常为有窗密闭式，配置产床，大小为2.2米×1.8米。布置多为两列三走道或三列四走道，需要配备供暖设备。

④保育舍：常为有窗密闭式，配置保育栏，每栏3平方米，可容10头猪，两列三走道或三列四走道设置，配供暖设备。

⑤生长育肥舍：可设计为单列式和双列式。小规模的猪场可采用单列开放式。常为两列中间一走道设置。

(5)按猪舍规格分为大、中、小型。

①大型舍：长80～100米，宽8～10米，高2.4～2.5米。

②中型舍：长40～50米，高2.3～2.4米，单列式宽5～6米，双列式宽8～9米。

③小型舍：长20～25米，高2.3～2.4米，单列式宽5～6米，双列式宽8～9米。

3. 猪舍的排列形式、朝向和间距

(1)猪舍排列形式：养猪场的猪舍一般应布置成横向成排，纵向成列。猪舍的排列形式有单列式、双列式或多列式3种。单列式适合于猪舍数量较少的小型猪场，双列式适合于猪舍数量较多的中型猪场，多列式适合于大型养猪场。如果场地条件允许，应尽量避免布置成横向或竖向长条型，以免造成饲料、粪便等运输线路增长，管理和联系工作不方便，增加建设投资。

(2)猪舍朝向：猪舍朝向是指猪舍正面纵墙法线(即垂直线)所指的方位称为猪舍朝向，即猪舍正面所对的方向。

无窗猪舍完全靠人工控制舍内环境，猪舍朝向主要对外围护结构的保温隔热性能有些影响，对舍内环境变化无直接影响。而有窗式、开放式或半开方式猪舍的朝向直接关系到猪舍的通风和采光，对舍内环境影响很大。在确定猪舍朝向时，主要考虑采光和通风效果，使猪舍纵墙和屋顶在冬季接受光照，而在夏季少接受光照，以利于猪舍的冬季保暖和夏季隔热，从而冬暖夏凉。猪舍纵墙与当地冬季主导风向平行或成0～45°角，使冬季冷风渗透到猪舍的量最少，纵墙与夏季主导风向成一定角度，使夏季猪舍自然通风均匀，有利于防暑降温和排出舍内污浊空气。

(3)猪舍间距：系指相邻两猪舍纵墙之间的距离，主要根据光照、通风、防疫、防火和节约土地这5个因素来确定。根据理论计算和试验证明，猪舍间距为猪舍高度(南排猪舍檐高)的3～5倍时，即可满足光照、通风和防疫的要求。根据我国建筑防火规范要求和猪舍结构，其防火间距为6～8米。在通常的猪舍高度下，当间距为猪舍高度3～5倍时，即可满足防火要求。

4. 猪舍设计

在规模化养猪生产过程中，为提高猪舍的利用率和养猪生产效率，均采取全进全出、均衡生产的方式，以周为节律进行生产，即饲养一定数量的母猪，组成一条生产线，每条生产线都由配种、妊娠、分娩、保育、育成等环节组成。

下面以饲养100头基础母猪，年出栏2000头育肥猪，按每头母猪平均年产2.1窝计算，则每年可产仔210窝，平均每周产仔4窝。每条生产线都由配种舍、妊娠舍、分娩舍、保育舍和育成舍组成，而每栋猪舍的大小则取决于各类猪舍中猪栏的数量及排列方式，考虑到实际生产过程中的不平衡性及管理上的方便，各猪舍还应增加一定数量的机动栏，一般为增设1周的猪栏数量，以便冲洗消毒及机动时使用。

(1)各类猪栏所需数量的计算

①配种妊娠和公猪舍(双列)：100头基础母猪需要20个配种妊娠栏位。在工厂化养猪生产中，公母猪的比例为1∶20，需饲养种公猪5头，所以应在配种舍内设5个种公猪栏；种公猪的年更新率为50%，每年应更新淘汰2头种公猪，因此还需要多设置1～2个后备种公猪栏。

每个猪栏面积9平方米，27个猪栏位使用面积243平方米，需要另外走道(单走道)、饲料间和饲养员休息室60平方米，小计303平方米使用面积。加前后左右墙25平方米，建筑面积为328平方米。

需要2条粪沟和自来水管、照明设备等。

配种妊娠和种公猪舍需要资金＝房舍土建费用及人工费用＋设备费用＋配套设施费用。

②分娩舍：100头基础母猪需要24个分娩栏，每栏要有4.6平方米的空间，需要110平方米的使用面积。另外，还要有走道(双走道)、饲料间和饲养员休息室130平方米，小计240平方米使用面积。加前后左右墙40平方米，建筑面积为280平方米。

内部装修还需要一条粪沟及自来水管、照明和取暖灯等。

分娩舍需要资金＝房舍土建费用及人工费用＋设备费用＋配套设施费用＋安装费。

③育肥猪舍(双列)：如果每栏饲养15～20头育肥猪(即2窝仔猪的头数)，需要72个育肥栏。每个猪栏面积9平方米，

小计648平方米使用面积。另外,需要走道(单走道)、饲料间和饲养员休息室78平方米,小计726平方米使用面积。加前后左右墙35平方米,建筑面积为761平方米。

需要2条粪沟和自来水管,照明设备等。

育肥猪舍需要资金=房舍土建费用及人工费用+设备费用+配套设施费用+安装费。

④后备猪舍(双列):如果按30%选留后备猪,需要36个后备猪栏,每个猪栏面积6平方米,小计使用面积216平方米。另外,需要走道(单走道)、饲料间和饲养员休息室68平方米,小计284平方米使用面积。加前后左右墙25平方米,建筑面积为309平方米。

需要2条粪沟和自来水管、照明设备等。

生长猪1舍需要资金=房舍土建费用及人工费用+设备费用+配套设施费用+安装费。

(2)办公面积及饲料库建筑面积:办公面积9间(18平方米/间),计162平方米;饲料库加工和存放面积300平方米,共计462平方米。

(3)总计建筑面积=328+280+761+309+462=2140平方米。

5. 猪舍的基本结构

一列完整的猪舍,主要由基础、墙壁、屋顶、地面、门、窗、粪尿沟、隔栏等部分构成。

(1)基础:基础是猪舍的地下部分,要求有足够的强度和稳定性以承受负荷。沙、碎石、岩性土层、沙质土层是良好的天然地基,黏土和富含有机质的土层不宜做地基。基础的宽度应比墙宽10～15厘米,深度视具体情况而定,注意设防潮层。

(2)墙壁:猪舍墙壁对舍内温湿度保持起着重要作用。墙体必须具备坚固、耐久、耐水、耐酸、防火能力,便于清扫、消毒;同时应有良好的保温与隔热性能。对墙壁的要求,猪舍主墙壁厚在25～30厘米,隔墙厚度15厘米,种公猪舍墙高2.5米,其他类型的猪舍墙高可适当低些。比较理想的墙壁为砖砌墙,要求水泥勾缝,离地1～1.5米处应设水泥墙裙。

(3)屋顶:屋顶起遮挡风雨和保温作用,应具有防水、保温、承重、不透气、光滑、耐久、耐水、结构轻便的特性。目前,多数规模猪场用石棉瓦或彩塑瓦双坡式房顶。

(4)地面:猪舍地面应具备坚固、耐久、抗机械作用力,以及保温、防潮、不滑、不透水、易于清扫与消毒。

在调查中发现很多猪舍采用混凝土地面非常常见,其特点坚固、耐用、容易清扫、消毒,但不利于母猪和仔猪的保温。为克服水泥地面潮湿和传热快的缺点,地面层可选用导热系数低的材料,如炉灰渣、空心砖等保温防潮材料。水泥地面建造时地面应斜向排粪沟,坡降为2%～3%,以利保持地面干燥。

目前,规模化养猪场多采用部分或全部漏缝地板(见彩图5),常用的漏缝地板材料有水泥、金属、橡胶或塑料等,可根据自己的经济状况选择。

①水泥漏缝地板:表面应紧密光滑,否则表面会有积污而影响栏内清洁卫生,水泥漏缝地板内应有钢筋网,以防受破坏。

②金属漏缝地板:由金属条排列焊接(或用金属编织)而成,适用于分娩栏和小猪保育栏。缺点是成本较高,优点是不

打滑、栏内清洁、干净。

③生铁漏缝地板:经处理后表面光滑、均匀无边,铺设平稳,不会伤猪。

④塑料漏缝地板:由工程塑料模压而成,有利于保暖。

⑤陶质漏缝地板:具有一定的吸水性,冲洗后不会在表面形成小水滴,还具有防水功能,适用于小猪保育栏。

⑥橡胶或塑料漏缝地板:多用于配种栏和公猪栏,不会打滑。

(5)门、窗:开放式猪舍运动场前墙应设有门,高0.8～1米,宽0.6米,要求结实,尤其是种猪舍;半封闭式猪舍则在与运动场的隔墙上开门,高0.8米,宽0.6米;全封闭式猪舍仅在饲喂通道侧设门,高0.8～1米,宽0.6米。通道的门高1.8米,宽1米。

无论哪种猪舍都应设后窗。开放式、半封闭式猪舍的后窗长与高皆为40厘米,上框距墙顶40厘米;半封闭式中隔墙窗户及全封闭式猪舍的前窗要尽量大,下框距地应为1.1米;全封闭式猪舍的后墙窗户可大可小,若条件允许,可装双层玻璃。

(6)粪尿沟:开放式猪舍要求设在前墙外面,全封闭、半封闭(冬天扣塑棚)式猪舍可设在距南墙40厘米处,并加盖漏缝地板。粪尿沟的宽度应根据舍内面积设计,至少有30厘米宽。漏缝地板的缝隙宽度要求不得大于1.5厘米。粪尿沟要有适当的坡度,使尿液或污水沿粪尿沟流入沉淀池内。

(7)过道、通道:单列式、双列式猪舍只有1个过道,四列猪舍有2个过道,六列猪舍有3个过道。过道不宜过窄或过宽。公母猪舍过道1.2米宽,育肥猪1米宽。

(8)沉淀池:沉淀池设在过道中央,每50米长的猪舍可设2个沉淀池。沉淀池宽80厘米,长80厘米,深100厘米,用砖砌成,并抹上水泥,在池底部留一出口,以便污水从沉淀池流入舍外的尿井内。沉淀池用木盖或铁盖盖严,防止猪掉进沉淀池内。

(9)尿井:在修盖猪舍时,每50米长的猪舍在舍外留出一口尿井。尿井深6米,上宽1.5米,下宽3米。舍内沉淀池底口与尿井入口管相通,以便尿水直接流入尿井中。尿井距猪舍外墙5米,污水积存到一定高度时用污水泵将粪水抽到污水车内送至沤粪场。

(10)运动场:种猪舍要设置运动场,运动场应为硬地面,如用水泥地面当运动场,其面不可压光,应呈麻面,以防冬季地面滑,弄伤猪四肢或摔倒。冬天每日应及时将猪排出的粪便清净,以防磨坏蹄底。冬天将猪放到运动场排粪尿,保持舍内温暖干燥,空气无异味,保证猪健康,这是北方养好种公猪、母猪的一种有效办法。

每头成年种猪需要运动场面积2平方米,运动场应建在猪舍南墙处,宽度为3米,长度应根据猪舍的长度及饲养种猪头数而定。

二、旧猪场改造

有的猪场虽然建场已经几十年,但希望按照现代化的养猪方法进行饲养管理;有的猪场当初建筑设计不是十分合理,希望适当地因陋就简重新规划调整,这些都需要对旧猪场进行改造。但改造要坚持3个原则:一是尽量减少投入;二是改造后适用合理;三是改造要一次成功,不能一改再改。

1. 结合本场实际情况确定改造后的饲养管理方案

全场全进全出或产房保育舍全进全出，其他不变，或单元式产房相对独立；以周为单位全进全出或以旬为单位全进全出；正规化的全进全出或推进式管理模式。如计划每周有24头左右母猪分娩，原有的分娩栏只有18个，如果强行改造为以周为单位正规化管理，需要较高的费用，有可能比重建猪舍更麻烦，不如因陋就简改造为能实施以5天为单位全进全出或推进式管理模式的新猪场。因为，旧猪场的改造一般是一边生产一边改造，所以要注意分步骤、有计划地安排，以免造成经济损失。如改造产房时可以推迟产前母猪进产房的时间，同时将哺乳母猪提前赶出产房，将产房空出。

2. 改造猪场时要加强生物安全措施

改造时要加强生物安全措施，防止因外来人员进入以及管理混乱引起疫病暴发。因为改造没有固定的资料供参考，只能凭经验和几个人的智慧，也可请真正懂得生产管理的专家或技术人员现场指导等。

第三节　猪生产所需物资

先进的设备是提高生产水平和经济效益的重要保证。猪场设备有猪栏、漏缝地板、饲料供给及饲喂设备、供水及饮水设备、供热保温设备、通风降温设备、清洁消毒设备、粪便处理设备、监测仪器及运输设备。

1. 猪栏

养猪场除用砖泥结构建造猪栏外，也可以用金属材料焊接制作猪栏。不同的猪舍应配备不同的猪栏。按结构分为实体猪栏、栅栏式猪栏、母猪限位栏、高床产仔栏、高床育仔栏等。按用途分为公猪栏、空怀母猪栏、配种栏、妊娠栏、分娩栏、后备栏、育肥栏等。

(1)按结构分

①实体猪栏:即猪舍内圈(栏)与圈(栏)间以0.8～1.2米高的实体墙相隔,优点在于可就地取材、造价低,相邻圈(栏)舍隔离,有利于防疫。缺点是不便通风和饲养管理,而且占地。适于小规模猪场。

②栅栏式猪栏:即猪舍内圈与圈(栏)间以0.8～1.2米高的栅栏相隔,优点是占地小,通风好,便于管理。缺点是耗钢材,成本高,且不利于防疫。现代化猪场多用。

③综合式猪栏:即猪舍内圈与圈(栏)间以0.8～1.2米高的实体墙相隔,沿通道正面用栅栏。集中了两者的优点,适于大、小规模猪场。

④母猪单体限位栏:单体限位栏系钢管焊接而成,由两侧栏架和前、后门组成,前门处安装食槽和饮水器,尺寸为2.1米×0.6米×0.96米(长×宽×高)。用于空怀母猪和妊娠母猪,与群养母猪相比,便于观察发情,便于配种,便于饲养管理,但限制了母猪活动,容易发生肢蹄病。适于规模化集约化养猪。

⑤高床产仔栏:用于母猪产仔和哺育仔猪,由底网、围栏、母猪限位架、仔猪保温箱、食槽组成。底网采用由直径5毫米的冷拔圆钢编成的网或塑料漏缝地板,2.2米×1.7米(长×宽),下面附于角铁和扁铁,靠腿撑起,离地20厘米左右;围栏即四面地侧壁,为钢筋和钢管焊接而成,2.2米×1.7米×0.6

米(长×宽×高),钢筋间缝隙5厘米;母猪限位架为2.2米×0.6米×(0.9～1.0)米(长×宽×高),位于底网中央,架前安装母猪食槽和饮水器,仔猪饮水器安装在前部或后部;仔猪保温箱1米×0.6米×0.6米(长×宽×高)。优点是占地小,便于管理,防止仔猪被压死和减少疾病,但投资大。

⑥高床育仔栏:用于4～10周龄的断奶仔猪,结构同高床产仔栏的底网和围栏,高度0.7米,离地20～40厘米,占地小,便于管理,但投资大,规模化养殖多用。

(2)按用途分

①种公猪栏、空怀母猪栏、配种栏,这几种猪栏一般都位于同一栋舍内,因此,面积一般都相等,栏高一般为1.2～1.4米,面积7～9平方米。

②妊娠栏:妊娠猪栏有2种,一种是单体栏,另一种是小群栏。单体栏由金属材料焊接而成,栏长2米,栏宽0.65米,栏高1米。小群栏的结构可以是混凝土实体结构、栏栅式或综合式结构,不同的是妊娠栏栏高1～1.2米,由于采用限制饲喂,因此,不设食槽而采用地面食喂。面积根据每栏饲养头数而定,一般为7～15平方米。

③分娩栏:分娩栏的尺寸与选用的母猪品种有关,长度为2～2.2米,宽度为1.7～2米;母猪限位栏的宽度为0.6～0.65米,高1米。仔猪活动围栏每侧的宽度为0.6～0.7米,高0.5米左右,栏栅间距5厘米。

④后备、育肥栏:后备、育肥栏有多种形式,其地板多为混凝土结实地面或水泥漏缝地板条,也有采用1/3漏缝地板条,2/3混凝土结实地面。混凝土结实地面有3%的坡度。后备育肥栏的栏高为1～1.2米,采用栏栅式结构时,栏栅间距8～

10 厘米。

2. 饲料供给及饲喂设备

目前，大多数养猪场的饲料供给还是采用麻袋或塑料编织袋包装，用汽车运送到猪场，卸入饲料库，再用饲料车送到猪舍，进行人工饲喂。

规模化猪场的喂饲设备主要配备手推饲料车、食槽。食槽分限量食槽和不限量自动落料食槽，猪的食槽有水泥食槽和金属食槽 2 大类。水泥食槽适用于饲喂湿拌料和地面圈(栏)；金属食槽多用于饲喂仔猪和哺乳栏或限制栏的母猪。

(1)普通饲槽：普通饲槽分乳猪饲槽、断乳仔猪饲槽、育肥猪饲槽及种公猪、母猪用的饲槽。饲槽又分为木制、水泥、金属或橡胶等饲槽。乳猪用饲槽可由木制、金属、橡胶 3 种，其高 3 厘米，宽 5 厘米，长 30 厘米，供一窝仔猪吃料之用。为了不使乳猪蹄踩踏食槽，需将食槽吊起来，距地面高 5 厘米，防止在饲槽内排便。30～75 日龄断乳仔猪用的饲槽尺寸为高 5 厘米，宽 10 厘米，长 40 厘米，在饲槽两侧每隔 8 厘米钉一横木条，即将饲槽划分 5 个饲料口，不使断乳仔猪站立或爬卧在饲槽上吃料。仔猪、幼猪、成猪饲槽也可制成水泥饲槽。

(2)自动饲槽：有条件者最好采用自动饲槽(见彩图 4)。自动饲槽除解决大欺小、强凌弱、争抢食外，还可降低工人的劳动强度，提高劳动效率。

①方形自动落料饲槽：它常见于集约化、工厂化的猪场。方形落料饲槽有单开式和双开式 2 种。单开式的一面固定在与走廊的隔栏或隔墙上；双开式则安放在 2 栏的隔栏或隔墙上，自动落料饲槽一般为镀锌铁皮制成，并以钢筋加固。

②圆形自动落料饲槽：圆形自动落料饲槽用不锈钢制成，

比较坚固耐用，底盘也可用铸铁或水泥浇注，适用于高密度、大群体生长育肥猪舍。

3. 供水及饮水设备

猪养殖应用最广泛的是自动饮水系统(包括饮水管道、过滤器、减压阀和自动饮水器等)，自动饮水器的种类很多，有乳头式、杯式和鸭嘴式(见彩图5)等。

(1)饮水槽：水槽最好是水泥、石制结构，公、母猪用的单体水槽长30厘米，宽20厘米，高15厘米。

(2)乳头式饮水器：乳头式饮水器主要由铁球、铁棒与外壳3部件组成。饮水器外壳的上端连在自来水管上，当猪饮水时，猪的嘴与舌的动作把铁棒往上拱，铁棒就把铁球拱起，铁球离开凹槽时，水就由周围空隙流出，供猪饮用。饮完水后，靠上面水的冲力和铁球本身重量，铁球与铁棒又回到原来位置。

(3)杯式自动饮水器：杯式自动饮水器由饮水杯、压板、阀体座、阻水阀杆和密封垫等组成。在平常情况下，阀杆受水的压力借助密封垫阻止水下流，猪饮水时顶动压板，使阻水阀杆偏移，水就沿阀杆的缝隙流进杯中，供猪饮用。饮水后，压板自然垂下，阀杆恢复正常位置。

(4)鸭嘴式自动饮水器：主要由饮水器体、阀杆、弹簧、胶垫或胶圈等部分组成。平时，在弹簧的作用下，阀杆压紧胶垫，从而严密封闭了水流出口。当猪饮水时，咬动阀杆，使阀杆偏斜，水通过密封垫的缝隙沿鸭嘴的尖端流入猪的口腔。猪不咬动阀杆时，弹簧使阀杆恢复正常位置，密封垫又将出水孔堵死停止供水。

4. 供热保温设备

我国大部分地区冬季舍内温度都达不到猪只的适宜温度，需要提供采暖设备，采暖分集中采暖和局部采暖。另外，供热保温设备主要用于分娩栏和保育栏（见彩图6）。

（1）红外线灯：设备简单，安装方便，最常用，通过灯的高度来控制温度，但耗电多，寿命短。

（2）吊挂式红外线加热器：其使用方法与红外线相同，但费用高。

（3）电热保温板：优点是在湿水情况下不影响安全，外型尺寸多为1000米×450米×30米，功率为100瓦，板面温度为260～320℃，分为调温型和非调温型。

（4）加热地板：用于分娩栏和保育栏，以达到供温保暖的目的。

（5）电热风器：它吊挂在猪栏上热风出口对着要加温的区域。

（6）挡风帘幕：南方用得较多，且主要用于全敞式猪舍。

（7）太阳能采暖系统：经济，无污染，但受气候条件制约，应有其他的辅助采暖设施。

5. 通风降温设备

为了节约能源，尽量采用自然通风的方式，但在炎热地区和炎热天气，就应该考虑使用降温设备。通风除降温作用外，还可以排出有害气体和多余水汽。

（1）通风机：大直径低速小功率的通风机比较适用于猪场。这种风机通风量大，噪音小，耗能少，可靠耐用，适于长期工作。

(2)水蒸发式冷风机:它是利用水蒸发吸热的原理以达到降低空气温度的目的。在干燥的气候条件下使用时,降温效果特别显著;湿度较高时,降温效果稍微差些;如果环境相对湿度在85%以上时,空气中水蒸气接近饱和,水分很难蒸发,降温效果差些。

(3)喷雾降温系统:其冷却水由加压水泵加压,通过过滤器进入喷水管道系统而从喷雾器喷出成水雾,在猪舍内空气温度降低。其工作原理与水蒸发式冷风机相同,而设备更简单易行。如果猪场风自来水系统水压足够,可以不用水泵加压,但过滤器还是必要的,因为喷雾器很小,容易堵塞而不能正常喷雾。旋转式的喷雾可使喷出的水雾均匀。

6. 清洁消毒设备

清洁消毒设备主要有水洗清洁、喷雾消毒和火焰消毒。水洗清洁设备一般选高压清洗机或由高压水泵、管路、带快速连接的水枪组成的高压、冲水系统。消毒设备一般选机动背负式超低量喷雾机、手动背负式喷雾器、踏板式喷雾器,当在疫情严重的情况下,可选火焰消毒器。规模化猪场必备高压清洗机和喷雾器消毒设备。

7. 粪尿处理设备

目前,规模猪场的清粪方式一般要采取粪、尿(污水)干稀分流,干粪集中人工收集装入编织袋运出舍外统一用于种植业,尿及冲洗栏舍的污水经粪沟流入污水处理设施净化处理(或粪尿集中进入沼气池发酵)。

8. 运输设备

主要有仔猪转运车、饲料运输车和粪便运输车。仔猪转运车可用钢管、钢筋焊接,用于仔猪转群。饲料运输车采用罐装料车或两轮、三轮和四轮加料车。粪便运输车多用单轮或双轮手推车。

9. 饲料加工设备

现代化、高效益的养殖生产,大多采用配合饲料。因此,各养猪场必须备有饲料加工设备,对不同饲料原料,在喂饲之前进行粉碎、混合。

(1)饲料粉碎机:饲料在加工全价配合料之前,都应粉碎。粉碎的目的,主要是提高猪对饲料的消化吸收率,同时也便于将各种饲料混合均匀和加工成多种饲料(如粉状等)。在选择粉碎机时,要求机器通用性好(能粉碎多种原料),成品粒度均匀,结构简单,使用、维修方便,作业时噪声和粉尘应符合规定标准。

目前,生产中应用最普遍的多为锤片式粉碎机,这种粉碎机主要是利用高速旋转的锤片来击碎饲料。工作时,物料从喂料斗进入粉碎室,受到高速旋转的锤片打击和齿板撞击,使物料逐渐粉碎成小碎粒,通过筛孔的饲料细粒经吸料管吸入风机,转而送入集料筒。

(2)饲料混合机:配合饲料厂或大型养殖场的饲料加工车间,饲料混合机是不可缺少的重要设备之一。混合按工序,大致可分为批量混合和连续混合 2 种。批量混合设备常用的是立式混合机或卧式混合机,连续混合设备常用的是桨叶式连续混合机。生产实践表明,立式混合机动力消耗较少,装卸方便;但生产效率较低,搅拌时间较长,适用于小型饲料加工厂。卧式混合机的优点是混合效率高,质量好,卸料迅速;缺点是动力消耗大,适用于大型饲料厂。桨叶式连续混合机结构简单，造价较低，适用于较大规模的养殖户（场）使用。

10. 其他设备

根据猪场实际可选择饲料成分分析仪器、兽医化验仪器、人工授精相关仪器、妊娠诊断仪器、称重仪器、活体超声波测膘仪、计算机及相关软件、电子称、台称、耳号钳、断尾钳等。

第三章　猪的营养与饲料

饲料是养好猪的物质基础，了解各种饲料的特性、营养价值和加工方法，就能更有效地利用饲料，养好猪。

第一节　猪的消化特点及营养需求

要养好猪，取得最佳经济效益，只有在了解猪消化生理特点的基础上做到科学饲养，才能达到目的。

一、猪的消化特点

1. 猪是杂食性动物，能利用的饲料种类较多

猪能广泛利用各种动、植物性饲料和其他饲料，能从精饲料、青饲料和粗饲料中获得所需要的各种营养物质。

2. 猪是单胃家畜，具有较发达的消化系统

猪唾液腺发达，唾液中含有一定量的淀粉酶，可消化饲料中的一部分淀粉，这是其他家畜所不及的。猪胃腺能分泌盐酸、胃蛋白酶等消化液，对饲料蛋白质初步消化，同时为胰蛋白酶消化蛋白质创造条件。猪的小肠发达，约为体长的 15 倍左右，能很好地消化、吸收饲料中的各种营养物质，满足猪生长发育的需要。因此，猪的饲料价格较高。

3. 对粗纤维消化率低

猪对粗纤维的消化主要是在盲肠和回肠中，在细菌的作用下，发酵产生挥发性脂肪酸，但利用率很低。因此，猪饲料中要控制粗纤维的含量，以免降低其他营养物质的消化率。

4. 采食量大，对饲料质量要求较高

猪的消化道容积大，特别是胃的伸缩性大，能贮存大量食物，按单位体重计算，其采食量远远超过其他家畜，每天采食风干饲料量可达 3～5 千克。且各种营养物质的含量要高，营养要全面。

二、营养需求

猪生命活动的维持和生长发育、繁殖的顺利进行，是猪从饲料中获得营养、有机体新陈代谢的结果。因此，应从饲料中供给猪足够的营养物质，满足其生理活动的需要，使其生产性能得到充分发挥。猪需要的营养物质很多，不同的生产目的需要的营养不同，但归纳起来有蛋白质、脂肪、碳水化合物、矿物质、水及维生素 6 大类，缺少任何一种都会影响猪生产性能的发挥。

1. 蛋白质

蛋白质能更新动物体组织和修补被损坏的组织，可组成体内的各种活性酶、激素、体液和抗体等。缺乏蛋白质，动物产品生产量下降，或生长受阻。容易导致贫血，降低抗体在血液中的含量，损害血液的健康和降低动物的抗病力。可造成繁殖障碍，出现发情不正常，妊娠期出现死胎，仔猪生后体弱，生命力不强，母猪产后泌乳力变差，甚至无奶，种公猪精液质量下降等。

2. 脂肪

脂肪在猪体内的主要功能是氧化供能。脂肪的能值很高,所提供的能量是同等质量碳水化合物的 2 倍以上。除供能外,多余部分可蓄积在猪体内。此外,脂肪还是脂溶性维生素和某些激素的溶剂,饲料中含一定量的脂肪时有助于这些物质的吸收和利用。

3. 碳水化合物

饲料中的碳水化合物由无氮浸出物和粗纤维 2 部分组成。无氮浸出物的主要成分是淀粉,也有少量的简单糖类。无氮浸出物易消化,是植物性饲料中产生热能的主要物质。粗纤维包括纤维素、半纤维素和木质素,总的来说难于消化,过多时还会影响饲料中其他养分的消化率,故猪饲料中粗纤维含量不宜过高。当然,适量的粗纤维在猪的饲养中还是必需的,除能提供部分能量外,还能促进胃肠蠕动,有利于消化和排泄以及具有填充作用,使猪具有饱腹感。

4. 矿物质

矿物质是机体构成、代谢所必需的物质。根据各种无机盐在猪体内含量的不同,又可分为常量和微量元素 2 大类。常量元素包括钙、磷、钾、钠、硫、氯和镁等,微量元素系指铜、铁、锌、锰、钴、硒等。

5. 水

水是畜体的重要物质,饲料的消化与吸收,营养的运输、代谢和粪尿的排出,生长繁殖,泌乳等过程,都必须有水的参与。水能保持生理调节和调节渗透压,也能保持细胞的正常形态。因此,在动物生命活动和生产时都离不开水的供应。

猪的饮水量随着体重、环境温度、日粮性质和采食量等而变化,在冬季,猪饮水量约为采食风干饲料量的2～3倍或体重的10%左右,春、秋季约为4倍或16%左右,夏季约为5倍或23%左右。饮水的设备以自动饮水器最佳。

6. 维生素

维生素是饲料所含的一类微量营养物质,在猪体内既不参与组织和器官的构成,又不氧化供能,但它们却是机体代谢过程中不可缺少的物质。维生素分为脂溶性和水溶性2大类,脂溶性维生素包括维生素A、维生素D、维生素E、维生素K;水溶性维生素包括维生素C、维生素B_1、维生素B_2、维生素B_{12}和其他酸性维生素。日粮中缺乏某种维生素时,猪会表现出独特的缺乏症状。

第二节　猪常用饲料的选择

我国饲料资源丰富,按照饲料的性质及来源不同分为粗饲料、青饲料、青贮饲料、能量饲料、蛋白质饲料、矿物质饲料、维生素饲料和添加剂8大类。

1. 蛋白质饲料

蛋白质饲料是指饲料干物质中粗蛋白质含量在20%以上,粗纤维含量在18%以下的饲料。这类饲料含能量高,具有能量饲料的一些特性,与能量饲料的区别是粗蛋白质含量高。

蛋白质饲料分植物性蛋白质饲料和动物性蛋白质饲料。植物性蛋白质饲料包括豆饼(粕)、花生饼(粕)、棉籽饼、菜籽饼(粕)、向日葵仁饼(粕)、玉米蛋白粉、玉米蛋白饲料、酒糟等;动物性蛋白质饲料包括鱼粉、肉骨粉、血粉、蚕蛹和羽毛粉等。动物性蛋白质饲料中血粉和羽毛粉等消化利用率低,在配合饲料中用量不宜过多。鱼粉是优质蛋白质饲料,但价格比较高,只用于仔猪和泌乳母猪,育肥猪可以不用。国产鱼粉中有的产品食盐含量很高,应测食盐含量,根据食盐含量确定在饲料中的用量,盲目使用咸鱼粉容易发生食盐中毒。

2. 能量饲料

饲料干物质中粗纤维含量在18%以下,粗蛋白质含量在20%以下的饲料是能量饲料。能量饲料包括谷实类(玉米、大麦、高粱、稻谷等)、谷实类加工副产品(米糠、麦麸、高粱糠、谷糠和次粉等)和块根、块茎类饲料(甘薯、土豆、胡萝卜、饲用甜菜和南瓜等)。

3. 青绿饲料

青绿饲料种类很多,来源广,包括豆科饲料(紫云英、苕子和蚕豆苗等)、蔬菜类饲料(白菜、甜菜叶、牛皮菜、聚合草、南瓜、甘薯藤等)、水生饲料(水浮莲、水葫芦、水花生和红萍等)、野草野菜及树叶类(苋科、十字花科、豆科植物的苋菜、苦麻菜等,以及桑叶、槐叶和榆叶等树叶)等。

青绿饲料营养丰富而完善,一般含水分60%～80%,蛋白质2%～5%。青饲料中蛋白质品质好,含赖氨酸高,还有丰富的矿物质和维生素等。青饲料粗纤维含量低、适口性强、容易消化。因此青饲料对猪的生长、繁殖、泌乳和增进健康都有良好作用。

喂青绿饲料不要煮,高温可破坏青饲料中的维生素,加热后青饲料容易产生亚硝酸盐使猪中毒。

4. 粗饲料

干物质中粗纤维含量在18%以上的饲料都是粗饲料，包括干草、蒿秆和秕壳。猪对粗纤维的消化能力差，粗纤维的含量越高，饲料中能量就越低，有机物的消化率也随之降低。一般干草类含粗纤维25%～30%，秸秆、秕壳含粗纤维25%～50%以上。

不同种类的粗饲料蛋白质含量差异很大，豆科干草含蛋白质10%～20%，禾本科干草6%～10%，而禾本科秸秆和秕壳为3%～4%。在饲养育肥猪时，为了提高生长速度，粗饲料必需是营养价值高并且经过精细加工调制的，最好是豆科植物，如苜蓿草、红三叶草等。

5. 矿物质饲料

猪需要10多种矿物元素，一些元素如硫、钾等在植物性饲料中含量丰富，能够满足猪的需要。需要补充的主要有氯、钠、钙和磷等，常添加的种类有食盐、石粉、蛋壳粉、贝壳粉、骨粉和磷酸盐类。

6. 维生素饲料

青饲料中含有较多维生素，我国南方地区结合种植绿肥，可常年供给豆科青饲料，在精饲料中可以不添加维生素。现代规模化养猪及北方地区受饲养条件和气候影响，不能供给青饲料，在配合饲料或浓缩饲料中必须添加维生素。维生素受温度、湿度和光照的影响很大，在贮存过程中有不同程度的损失。维生素和微量元素等混合后易氧化而损失。饲料中的添加量要超过需要量。

7. 添加剂饲料

饲料添加剂是添加到配合饲料中的各种微量成分，主要作用是为了平衡配合饲料的全价性，提高其饲喂效果，促进动物生长和防治动物疾病，减少饲料贮存期间营养物质的损失及改进猪产品品质，提高经济效益。

(1)猪生产中常用添加剂的种类

①促生长添加剂：包括喹乙醇、猪快长、血多素、肝渣、畜禽乐、肥猪旺等。

②微量元素添加剂：包括铜、铁、锌、钴、锰、碘、硒、钙、磷等，具有调节机体新陈代谢，促进生长发育，增强抗病能力和提高饲料利用率等作用。

③维生素添加剂：包括维生素 A、维生素 D_2、维生素 E、维生素 K_3、维生素 B_1、维生素 D_3、维生素 B_2、维生素 B_6、维生素 B_{12}、维生素 C 以及多种维生素、胆碱、育肥猪预混料添加剂、维他胖、泰德维他-80、法国肥、保健素、强壮素等，可根据猪的不同品种和不同生长发育阶段，科学地选择使用。

④氨基酸添加剂：包括赖氨酸、蛋氨酸、谷氨酸等 18 种氨基酸，以及生宝、禽畜宝、饲料酵母、羽毛粉、蚯蚓粉、饲喂乐等。

⑤抗生素添加剂：包括土霉素、金霉素、新霉素、盐霉素、四环素、杆菌素、林可霉素、康泰饲料添加剂及猪宝、保生素等。

⑥驱虫保健饲料添加剂：包括安宝球净、克球粉、喂宝-34 等。

⑦防霉添加剂或饲料保存剂：由于米糠、鱼粉等精饲料含油脂率高，存放时间久易氧化变质，添加乙氧喹啉等，可防止

饲料氧化,添加丙酸、丙酸钠等可防止饲料霉变。

⑧中草药饲料添加剂:包括大蒜、艾粉、松针粉、芒硝、党参叶、麦饭石、野山楂、橘皮粉、刺五加、苍术、益母草等。

⑨缓冲饲料添加剂:包括碳酸氢钠、碳酸钙、氧化镁、磷酸钙等。

⑩饲料调味性添加剂:包括谷氨酸钠、食用氯化钠、枸橼酸、乳糖、麦芽糖、甘草等。

⑪激素类添加剂:包括生乳灵、助长素、育肥灵等。

⑫着色吸附添加剂:主要有味黄素(如红辣椒、黄玉米面粉等)。

⑬酸化剂添加剂:包括柠檬酸、延胡索酸、乳酸、乙酸、盐酸、磷酸及复合酸化剂等,在育肥猪日粮中添加适量的酸化剂,可显著提高猪日增重,降低饲养成本。

(2)添加使用注意事项

①饲料添加剂都有一定的保质期,贮存完好的可在保质期内使用,超过保质期效果会明显下降;天气潮湿或贮存不好时,要根据情况及早用完。一旦有变质现象出现,立即停用。

②好的饲料添加剂有很强的稳定性。对于技术不过关的厂家或生产商,其添加剂的稳定性也不可信。经试验对比后,选择使用效果明显、稳定性强的饲料添加剂,在生长正常的情况下,最好不要经常更换,以免影响生长的正常进行。

③一般饲料添加剂的用量比较少,多以4%为主,最多的可达25%,在配制全价饲料时,与饲料原料混合要均匀,避免成团或集中在一起的现象。混合不均匀时,整个猪群的生长发育不平衡,甚至造成猪的正常生长受限。

8. 全价饲料

全价饲料是指由饲料原料、饲料添加剂、矿物质、微量元素等经混合加工后制成的可直接饲喂猪只的饲料，规模较大的猪场一般采用场内加工的方式来配。

(1)原料粉碎时颗粒不能过大或过小，过大时，猪只难以消化，造成下痢；过小时，可造成猪胃溃疡或容易引起呼吸道疾病。一般来说，除了特制的颗粒料或破碎料外，配合饲料的粒径大小依次为：小猪<中猪<大猪、种公、母猪。

(2)配合饲料预混时要保证足够的时间，预混时间为 5 分钟左右。时间太短，各种添加剂等与原料混合不均匀，平衡失调；时间太长，浪费人力、物力，影响生产的正常进行。

(3)配合饲料从混合好开始，喂完时间一般不要超过 3 天，最好当天喂完，以保证饲料的新鲜度和适口性。保存时间太长，特别是阴雨天气，饲料容易发热变质。另外，一些微量元素、维生素等也容易氧化，从而影响饲喂效果。

(4)配合饲料在猪舍内不易停放太长时间。猪舍内空气流通性差，氨气太浓，蚊蝇较多，容易引起污染。因此，运到猪舍内的饲料最好当天用完，若需保存，饲料加工厂或仓库保存效果比较好些。

(5)配合饲料的配制要根据猪只不同生长阶段的需要，严格执行营养标准，分阶段配置。

第三节 饲料的加工及贮存

饲料的加工和贮存，其中主要是能量饲料的加工及有毒物质的处理。对饲料进行加工调制，可提高采食率及促进营养物质的消化和利用。

一、饲料的加工

试验研究与生产实践证明，对饲料进行加工调制，可明显地改善适口性，提高消化率和吸收率，提高生产性能；便于贮藏和运输。

1. 蛋白质饲料的加工调制

(1)大豆饼(粕)：冷榨的大豆饼粕中含有抗胰蛋白酶、血细胞凝集素、尿素酶和促甲状腺肿素等物质，它们会降低粗蛋白质的消化率，对猪造成一定的毒害而产生疾病。由于这些物质大都是热不稳定物质，在105～110℃的温度下经3～5分钟即可被分解，成为无毒性的物质。因此，大豆饼粕一定要经过105～110℃的热处理才能用来喂猪。

(2)菜籽饼(粕)：是菜籽榨油后的副产品，由于其中含有芥子硫苷和芥子酸，使菜籽饼有一股辛辣味，适口性差，而且芥子硫苷在体内水解后产生硫氰酸类物质，可导致猪甲状腺肿大，影响物质代谢。因此，菜籽饼在饲用前要经过脱毒处理，降低菜籽饼中芥子硫苷的含量。菜籽饼去毒主要有土埋法、硫酸亚铁法、硫酸钠法、浸泡煮沸法。

①土埋法：挖1立方米容积的坑(地势要求干燥、向阳)，铺上草席，把粉碎的菜籽饼加水(饼水比为1∶1)浸泡后装入坑内，2个月后即可饲用。

②硫酸亚铁法：按粉碎饼重的1％称取硫酸亚铁，加水拌入菜籽饼中，然后在100℃下蒸30分钟，再放至鼓风干燥箱内烘干或晒干后饲用。

③硫酸钠法：将菜籽饼掰成小块，放入0.5％的硫酸钠水

溶液中煮沸 2 小时左右，并不时翻动，熄火后添加清水冷却，滤去处理液，再用清水冲洗几遍即可。

④浸泡煮沸法：将菜籽饼粉碎，把粉碎后的菜籽饼放入温水中浸泡 10～14 小时，倒掉浸泡液，添水煮沸 1～2 小时即可。

(3)棉籽饼(粕)：棉籽饼(粕)中含有游离的棉酚，可对组织细胞和神经产生毒害，要经过去毒才能使用。

①硫酸亚铁石灰水混合液去毒：100 千克清水中放入新鲜生石灰 2 千克，充分搅匀，去除石灰残渣，在石灰浸出液中加入硫酸亚铁(绿矾)200 克，然后投入经粉碎的棉籽饼 100 千克，浸泡 3～4 小时。

②硫酸亚铁去毒：可在粉碎的棉籽饼中直接混入硫酸亚铁干粉，也可配成硫酸亚铁水溶液浸泡棉籽饼。取 100 千克棉籽饼粉碎，用 300 千克 1%的硫酸亚铁水溶液浸泡，约 24 小时后，水分完全浸入棉籽饼中，便可用于喂猪。

③尿素或碳酸氢铵去毒：以 1%尿素水溶液或 2%的碳酸氢铵水溶液与棉籽饼混拌后堆沤。一般是将粉碎过的 100 千克棉籽饼与 100 千克尿素溶液或碳酸氢铵溶液放在大缸内充分拌匀，然后倒在地上摊成 20～30 厘米厚的堆，地面先铺好薄膜，堆周用塑料膜严密覆盖。堆放 24 小时后，扒堆摊晒，晒干即可。

④加热去毒：将粉碎过的棉籽饼放入锅内加水煮沸 2～3 小时，可部分去毒。此法去毒不彻底，故在畜禽日粮中混入量不宜太多，以占日粮的 5%～8%为佳。

⑤碱法去毒：将 2.5%的氢氧化钠水溶液，与粉碎的棉籽饼按 1∶1 重量混合，加热至 70～75℃，搅拌 30 分钟，再按湿

料重的15%加入浓度为30%的盐酸，继续控温在75～80℃，30分钟后取出干燥。此法去毒彻底，不含棉酚。

⑥小苏打去毒：以2%的小苏打水溶液在缸内浸泡粉碎后的棉籽饼24小时，取出后用清水冲洗2次，即可达到无毒目的。

(4)花生饼(粕)：花生饼(粕)去毒采用加热法，在120℃左右，热处理3分钟即可。

(5)骨肉粉：可采用畜禽脏器和不符合食用要求的屠体如非传染病死亡的动物加工制成。在喂猪时，一定要经高温消毒才可饲用，以免使猪产生疾病。

(6)蚕蛹：是缫丝工业副产品。含脂量高，不耐贮存，应将其高温处理抽提部分油脂后才可用于饲喂，晒干后可贮存。不能将蚕蛹从缫丝厂取来后直接饲喂，以免产生疾病或中毒。

(7)鱼粉：是使用最广泛的动物性蛋白质饲料，其加工方法有干法、湿法和土法生产。市售鱼粉常是用干法生产的，质量可靠，符合卫生要求。采用土法生产的鱼粉，质量不可靠，蛋白质含量不稳定，食盐含量过高，未经高温消毒，卫生条件差，在饲用时要慎用。

如果将捕获的小鱼虾混拌在饲料中喂猪，腥味大，屠宰前应停用，最好能煮熟制汤，用来拌饲料，适口性和利用率可提高。

2. 能量饲料的加工调制

能量饲料的禾谷类籽实由于种皮壳、淀粉粒的性质以及某些饲料中含有有毒、有害物质(如高粱中的单宁)等因素，影响了消化酶的消化作用和营养物质的吸收，需要通过适当加工调制，改善其适口性，提高消化利用率。能量饲料的加工方法有粉碎或磨碎、压扁、浸泡、蒸煮、焙炒、发芽等。

(1)粉碎或磨碎:谷物类籽实经过粉碎或磨碎能提高消化率,是加工处理谷物籽实最简单,最常用的方法。粉碎后的饲料,加大了消化接触面,亦使饲料受到充分浸润。大麦细磨比粗磨消化率可提高11%,比整粒提高24%。对于猪,粉碎的细度应在0.2~1毫米范围为宜。

(2)压扁:将玉米、大麦、高粱等去皮,加水(16%),蒸汽加热到120℃左右,用机器压成片状后,再混合各种添加剂,即制成压扁饲料。

(3)压粒:将配合好的饲料送入颗粒饲料压制机,制成柱状颗粒或小饼状颗粒。饲喂颗粒的猪,无论增重速度或饲料利用率,均较粉料优越。饲喂以大麦为能量饲料的日粮颗粒饲料,猪的增重率可达14%。

(4)浸泡:蛋白质饲料豆类、油饼类、谷类等饲料经水浸泡后,膨胀柔软,容易咀嚼,便于消化。方法是用容器将水与饲料搅拌混匀,料水比为1∶(1~1.5)。浸泡后的饲料毒质、异味均可减轻,于是适口性提高。

注意菜籽饼不能用热水浸泡,谷物籽实浸泡后,消化率并不能提高;有些饲料的浸泡时间不宜太长,例如在夏季豆类饲料的蛋白质容易酸败,因此不宜久浸泡。

(5)蒸煮:豆类籽实,用低温浸提法制成的豆粕与豆腐渣,马铃薯等饲料经过蒸煮后,能够提高消化率和营养价值。蒸煮时要注意控制温度和时间。以温度120~130℃,时间20分钟左右(生虫籽实1小时左右)为宜。

(6)焙炒:在给幼猪补饲时,常把补饲料焙炒。焙炒后饲料中禾谷类籽实的淀粉利用率提高。同时,消除了有害病菌和各种虫卵，适口性增加。调制方法：130～150℃短时间焙炒。

3. 青贮饲料的加工调制

(1)打浆：青饲料的体积较大，含有一定量的粗纤维，在实际饲用时，猪的采食量是有限的。如果将其粉碎打浆，则可提高适口性，增加采食量，有利于消化液与营养物质的混合，提高消化率。各种青饲料都可以作为打浆的原料，对于有些质地较硬或适口性差，如茎叶表面有倒刺或毛的饲料尤为适宜。

用普通锤片或粉碎机进行青饲料打浆时，要使用直径为3～4厘米的筛板。根据打浆过程中是否加水，可分为水打浆和干打浆，含叶多的幼嫩青饲料可直接打浆，压缩体积，提高采食量，且便于贮存，此法为干打浆。对于一些较老、含粗纤维较多的青饲料，由于含水量少，粉碎打浆时过于黏稠不容易流出，可在入料口用水管注入适量的水，起到一定的稀释和清洗作用，保证浆液顺利流入料池，此法称水打浆，料水比例约为1∶1，由于含水多，不容易贮存。

(2)发酵：青饲料的发酵是利用乳酸菌、酵母菌等在适宜的温度、湿度和厌氧环境下，对青饲料进行发酵，使其质地柔软，体积较小，酸香可口。此法对于一些质地比较硬、带有不良气味的青饲料尤为适合。

青饲料发酵时将青饲料洗净切短，装入缸或池内踩紧压实，装至接近满时，盖上草席，压上重物，以免青饲料浸水后浮起腐烂。然后，用水完全浸没青饲料，经3～7天后，发酵即可完成。

由于发酵过程中温度达40℃左右，水分含量多，因此发酵饲料不耐贮存，在制作时一次数量不宜过多，否则会导致腐败变质。

在青饲料进行发酵前,对原料要进行清理,防止有毒植物掺入。为提高发酵饲料营养价值,可进行混合发酵。

(3)干制:青饲料经干制加工即成青干草。品质良好的青干草是我国北方地区猪冬、春季青饲料供应的一种重要形式。调制良好的青干草,营养损失少,青绿,芳香,适口性好,容易于消化。豆科牧草、禾本科牧草和天然草地牧草都可制作青干草。

调制青干草的原料要适时收割,禾本科牧草在抽穗至扬花期收割,豆科牧草于始花期至盛花期收割。收割是否适时,与青干草的品质和调制的难易程度有很大关系。

青干草的调制有自然干燥和人工干燥 2 种方法,目前国内多采用自然干燥法,即利用阳光暴晒进行调制。

自然干燥法调制青干草包括 2 个阶段,第一阶段是将适时收割的原料采用地面薄层平铺暴晒法,在阳光下暴晒 4～5 小时,使草中水分迅速蒸发降至 40%左右,这时植物细胞死亡,呼吸停止。这个阶段一定要将草铺开,铺匀,勤翻动,以加快水分蒸发,缩短晒制时间。第二阶段是使植物含水量降至 14%～17%,抑制酶的活动,减少营养物质损失。植物中水分由 40%降至 14%～17%是一个较缓慢的过程,不能采用阳光暴晒,而应减少日晒,以免胡萝卜素大量损失。可采用堆小堆或移至通风良好的荫棚下逐渐干燥,此阶段要减少翻动,以免叶片大量脱落,造成营养损失。

青干草调制完毕后要及时堆垛,以免受到雨淋而降低青干草的营养价值。

调制青干草过程中最重要的一点是防止雨淋,受雨淋的青干草容易霉烂,适口性差甚至失去饲用价值。在雨水较多的地区调制青干草时,采用草架晒制,可减少营养损失。

(4)青贮:青贮饲料是青饲料通过微生物作用将营养物质保存下来的一种饲料。通过青贮,可使青饲料常年均衡供应。禾本科青饲料较易保存,豆科青饲料较难青贮成功,如果两者混合青贮,可提高青贮饲料的营养价值。

①修建青贮窖:青贮窖的窖址应当选择地势高,地下水位低,土质坚实干燥的地方,同时要在猪场附近便于运输。

根据地下水位高低,分别建成地下窖、半地下窖和地上窖。最好建成砖石水泥结构的永久窖。临时的土窖容易使四周的青贮饲料霉烂,营养也容易损失。

青贮量少可建成圆形,青贮量大可建成长方形。根据原料多少计算窖的体积,一般每立方米可青贮500千克。

②制作:制作青贮前应将青贮窖建好。当使用旧窖时,要将窖底和四周清理干净。同时组织好人员、运输工具及切割机械等。应避开下雨天气,使青贮制作过程不中断,一次完成。

作为青贮原料的各种作物,在不同的生长时期营养物质含量和消化率不同。一般豆科作物从见蕾期到开花中期,玉米在乳熟期,禾本科植物从孕穗期到抽穗期,甘薯秧在霜前,野草在生长旺季收割。

在做青贮时,首先将青贮原料用青饲切割机切成3～5厘米长,然后装窖。装窖前可在窖底铺一层10～15厘米的碎蒿秆、软草或秕糠,以防止底部潮湿并可吸收由上部压流下来的汁液。原料随切随装窖,装一层压紧一层。小窖可由人踩实,大窖可用链轨拖拉机压实。青贮窖的边缘部分更要注意压紧。压紧的目的是排除空气，压得实不实是制作青贮的关键。

当窖边原料与窖口相平，窖的中间高出60～100厘米时可以封窖。封窖前先将青贮原料上盖30～50厘米草，然后加土50厘米以上，将整个窖顶封好压实。封窖后要经常观察，当原料下沉，窖顶和边缘出现裂缝时要及时用湿土填实。待下沉稳定后，再在顶上加一层湿土压紧。

青贮窖周围必须挖好排水沟，以免雨水渗入。

③开窖与饲喂：封窖后1～1.5个月就可开窖，长形窖可从窖的一端开窖，边使用边将上面的盖土去掉。圆形窖从上向下取用，每次取后用塑料布等盖严。每天取的青贮应当天吃完，不然容易变质、变味，发生霉变。

品种良好的青贮饲料应呈绿色或黄绿色，带有水果味或乳酸香味，质地疏松。而发黑甚至腐烂的青贮料不应再用来喂猪。

青贮饲料具有轻泻性，妊娠母猪应控制饲喂量。猪的喂量以每头每天1.5～2千克为宜，使用时要与其他精料混合饲喂，且需逐步增加喂量，以使猪有适应过程。

青贮用量少，可用缸贮法和塑料袋青贮法等，无论哪一种，只要达到要求都可使用。

4. 粗饲料的加工调制

(1)粉碎：粗饲料粉碎后可以缩小体积，便于咀嚼和吞咽，提高消化率。喂猪的草粉粒度应能通过0.2～1毫米直径的筛孔。

(2)浸泡：将粉碎的草粉预先浸泡几小时，使粗纤维变软，起到软化饲料，改善味道和提高适口性的作用。

(3)微生物处理：微生物处理方法有自然发酵、加入酶菌

(黑曲酶、根酶等)进行糖化、加入酵母菌发酵。这些方法对粗纤维分解作用不大,主要起到水浸,软化的作用,并能产生一些糖、有机酸,可提高适口性。但在发酵时产生热能,使饲料中的能量损失。

二、饲料的配制

配合饲料是指根据饲养标准科学地将几种饲料按一定比例混合在一起的营养全面的饲料。猪在生产过程中需要一定量的各种营养,但自然界中没有哪一种饲料能满足这个要求,用单一饲料喂猪的结果必然影响猪的生长,浪费饲料,减少经济效益。相反,饲用配合饲料不但能满足猪的营养需要,还能相对地降低饲料成本。

(一)日粮配合的一般原则

制作饲料配方时,应充分考虑如下几个原则。

1. 满足猪的营养需要,保证营养的平衡

猪需要从饲料中得到热能、蛋白质、矿物质、维生素等营养成分,饲料中必须含有充足的营养成分。

2. 安全性

一是指不使用发霉、变质、受污染的原料,如玉米容易滋生黄曲霉,产生黄曲霉霉素,磷酸氢钙的氟含量不可超标,种公猪饲料中不能使用棉籽粕;二是指不使用容易残留且对人体有危害的药物或添加剂。

3. 适口性

提高饲粮采食量对于充分发挥猪的生产性能至关重要,在乳仔猪和哺乳母猪显得尤为重要,因此良好适口性是配制

饲料时应充分考虑的问题。除保证饲料原料的新鲜外，对于乳仔猪饲粮，可加入调味剂和香味剂。

4. 经济性

营养最好的配方不一定是最经济的配方。制作的全价配合饲料，应考虑经济性。

（二）日粮配方

为了方便农户或养殖场合理配料，下面列出一些配方供养殖者参考。

1. 人工乳参考配方

母猪乳量不足或母猪死亡，可使用人工乳哺乳仔猪。

配方一　新鲜牛奶或羊奶 1000 毫升，葡萄糖或蔗糖 60 克，硫酸亚铁 2.5 克，硫酸铜和硫酸镁各 20 克，碘化钾 0.02 克，煮沸后冷却至 50℃时，打入鸡蛋 1 个，加鱼肝油 1 毫升，土霉素粉 0.5 克、多维素 0.1 克，搅均匀后，立即补乳。

配方二　熟玉米粉 42.7%，大豆粉 7%，全脂豆粉 10%，鱼粉 8%，脱脂乳粉 15%，乳清粉 5%，酵母 3%，葡萄糖 5%，二磷钙 1.2%，钙粉 0.3%，油脂 1.5%，盐 0.3%，预混剂 1%。

配方三　熟玉米粉 21.6%，大麦片 20%，大豆粉 15%，全脂豆粉 6%，鱼粉 9%，脱脂乳粉 10%，乳清粉 5%，酵母 3%，葡萄糖 5%，二磷钙 1.3%，钙粉 0.3%，油脂 2.5%，盐 0.3%，预混剂 1%。

2. 仔猪补料参考配方

配方一　玉米渣 38%，高粱 32%，豆饼 22%，麸子 8%。

配方二　玉米渣 17%，高粱 25%，豆饼 25%，麸皮 33%。

3. 育肥猪饲料参考配方

(1)购买浓缩料参考配方

配方一　玉米或稻谷粉 50%,糠饼 20%,麦麸或米糠 10%,浓缩料 20%。

配方二　玉米 65%,麸子 10%,浓缩料 25%。

配方三　玉米 65%,麸子 10%,豆饼 20%,预混料 5%。

配方四　玉米 65%,麸子 10%,豆饼 20%,鱼粉 1%,预混料 4%。

(2)直线育肥饲料参考配方

第一阶段饲料参考配方(饲喂时间 30 天,标准育肥体重范围 20～60 千克):

配方一　玉米 59.4%,麸皮 5%,豆饼 23%,高粱 10%,食盐 0.4%,磷酸氢钙 1.2%,复合添加剂 1%。

配方二　玉米 49.1%,麸皮 5%,豆饼 21%,细麦麸 10%,稻谷 12%,骨粉 1%,贝壳粉 0.6%,食盐 0.3%,复合添加剂 1%。

第二阶段饲料参考配方(饲喂时间 30 天,标准育肥体重范围 60～90 千克):

配方一　玉米 65.4%,麸皮 5%,豆饼 17%,高粱 10%,食盐 0.4%,磷酸氢钙 1.2%,复合添加剂 1%。

配方二　玉米 49.4%,麸皮 8%,豆饼 15%,细麦麸 10%,稻谷 15%,骨粉 0.4%,贝壳粉 0.9%,食盐 0.3%,复合添加剂 1%。

4. 妊娠母猪参考配方

配方一　玉米 65%,麸皮 25%,豆粕 8%,骨粉 1%,食盐

0.5%，添加剂0.5%。

配方二　玉米42.75%，大麦35%，小麦麸5%，大豆饼粕8%，槐叶粉8%，蛎粉0.7%，食盐0.5%，硫酸铜0.01%，硫酸锌0.02%，硫酸亚铁0.02%。

配方三　玉米40%，大麦10%，小麦麸17%，大豆饼粕11%，干草粉14.5%，食盐0.5%，骨粉1%，鱼粉6%。

配方四　稻谷粉30%，玉米糠15%，稻壳10%，小麦麸30%，花生饼7%，蚕豆粉5%，贝壳粉2%，食盐1%。

5. 哺乳母猪参考配方

配方一　玉米62%，麸皮15%，豆粕15%，鱼粉4%，贝粉1.2%，骨粉2%，食盐0.3%，添加剂0.5%。

配方二　玉米39.9%，大麦33%，小麦麸4%，大豆饼粕10%，槐叶粉6%，蛎粉0.55%，食盐0.5%，硫酸铜0.01%，硫酸锌0.02%，硫酸亚铁0.02%，鱼粉6%。

配方三　玉米30%，米糠27%，豆粕10%，豆粉3%，粗糠10%，多汁料20%；另加食盐0.4%。

6. 种公猪的饲料参考配方

(1)配种期的饲料参考配方

配方一　玉米56%，大麦10%，高粱3%，豆饼16%，麸皮4%，叶粉3.5%，鱼粉4%，骨粉3%，盐0.5%。

配方二　玉米65%，豆饼25.9%，小麦4.2%，鱼粉1.1%，大豆2.3%，贝壳粉1%，食盐0.5%。

配方三　黄玉米33.4%，高粱30%，麦麸12%，米糠8%，豆粕2%，苜蓿粉6%，鱼粉3%，糖蜜3.5%，磷酸钙0.8%，碳酸钙0.5%，食盐0.4%，维生素添加剂0.2%，微量元素添加剂 0.2%。

配方四 玉米 56%,大麦 23%,麦麸 5%,豆饼 5%,鱼粉 7%,玉米秸秆青贮 3%,贝壳粉 0.5%。

(2)非配种期的饲料参考配方

配方一 玉米 64.9%,豆饼 15%,麦麸 15%,草粉 3%,贝壳粉 1.5%,食盐 0.5%,维生素添加剂 0.05%,微量元素添加剂 0.05%。

配方二 玉米 48%,次粉 10%,大麦 5%,麸皮 20%,豆饼 8%,棉仁饼 4%,叶粉 3%,骨粉 1.5%,盐 0.5%。

配方三 玉米 26%,大麦 41.5%,稻谷 15%,统糠 15%,骨粉 2%,食盐 0.5%。

配方四 玉米 38.3%,高粱 3.7%,麦麸 14.7%,酒糟 18.8%,豆饼 11.1%,葵花饼 3.7%,玉米秸秆青贮 7.6%,骨粉 0.7%,贝壳粉 0.7%。

(三)饲料拌和

饲料拌和有机械拌和和手工拌和 2 种方法,只要使用得当,都能获得满意的效果。

1. 机械拌和

采用搅拌机进行。常用的搅拌机有立式和卧式 2 种。立式搅拌机适用于拌和含水量低于 14%的粉状饲料,含水量过多则不容易拌和均匀。这种搅拌机所需动力小,价格低,维修方便,但搅拌时间较长(一般每批需要 10~20 分钟),适于专业户使用。卧式搅拌机在气候比较潮湿的地区或饲料中添加了黏滞性强的成分(如油脂)的情况下,都能将饲料搅拌均匀。该机搅拌能力强,搅拌时间短,每批约 3~4 分钟,主要在一些饲料加工厂使用。

无论使用哪种搅拌机，为了使搅拌均匀，都要注意适宜的装料量，装料过多过少都会使均匀度无法保证，一般以装料容量的60%～80%为宜。搅拌时间也是关系到混合质量的重要因素，混合时间过短，质量得不到保证，混合时间过长，搅拌过久，使饲料混合均匀后又因过度混合而导致分层现象，同样影响混合均匀度。时间长短可按搅拌机使用说明进行。

2. 手工拌和

手工拌和是家庭养猪时饲料拌和的主要手段。拌和时，一定要细心、耐心，防止一些微量成分打堆、结块，拌和不均，影响饲用效果。

手工拌和时特别要注意的是一些在日粮中所占比例小，但会严重影响饲养效果的微量成分，如食盐和各种添加剂，如果拌和不均，轻者影响饲养效果，严重时造成猪产生疾病、中毒，甚至死亡。对这类微量成分，在拌和时首先要充分粉碎，不能有结块现象，块状物不能拌和均匀，被猪采食后有可能发生中毒。其次，由于这类成分用量少，不能直接加入大宗饲料中进行混合，而应采用预混合的方式。其做法是取10%～20%的精料(最好是比例大的能量饲料，如玉米面、麦麸等)作为载体，另外堆放，然后将微量成分分散加入其中，用平锹着地撮起，重新堆放，将后一锹饲料压在前一锹放下的饲料上，即一直往饲料堆的顶上放，让饲料沿中心点向四周流动成为圆锥形，这样可以使各种饲料都有混合的机会。如此反复3～4次即可达到拌和均匀的目的，预混合料即制成。最后再将这种预混合料加入全部饲料中，用同样方法拌和3～4次即达到目的。那种在原地翻动或搅拌饲料的方法是不可取的。

三、饲喂方法

喂猪时选择适宜的料型，对提高饲料消化率，保证猪摄入足够营养物质，促进生长，具有很重要的意义。

1. 育肥猪的饲喂方法

为了保证育肥猪 90 天出栏，必须采取直线育肥法，而不能采用传统的吊架子育肥法。因此，在育肥猪饲喂过程中必须注意以下环节。

(1)饲喂全价饲料：在 90 天出栏养猪法中，必须采用全价配合料。

(2)改熟料喂为生喂：生喂既能保证饲料营养成分不受损失，又能节省人工和燃料。除马铃薯、芋头、南瓜、木薯、大豆、棉籽饼等含有害物质需要熟喂外，其他大部分植物性饲料均应生喂。用生料喂猪，每增重 1 千克节省精料 0.6～1 千克。

(3)改稀喂为干湿喂：有人以为稀喂料，可以节约饲料，其实并非如此。猪长得快不快，不是以猪肚子胀不胀为标准，而是以猪吃了多少饲料，又主要是这些饲料中含有多少蛋白质、多少能量及其他们利用率为标准的。

稀喂，猪吃进去的大部分是水分，含干物质少，猪胃越撑越大，对胃有损伤，饲料得不到互相摩擦，影响消化和吸收，并且排泄量大，消耗热能多。熟喂，饲料中的很多维生素和蛋白质在高温中被破坏；切、剁、煮，费工费燃料，增加了生产成本。

干湿喂，饲料浸泡软化是在猪体外进行的，缩短了时间，唾液、胃液能和饲料充分混合，有利于消化和吸收；干湿喂，排泄量少，减少热能的消耗。生喂，能保持饲料中的维生素和蛋白质并节省很多劳动和燃料。当然生喂也不是绝对的，就大多数饲料来说，可以粉碎混合后生喂，但有些饲料仍需要煮熟，如黄豆等豆类，含有豆子苷和抗胰蛋白酶，必须经高温处理后猪才能消化吸收。

制作干湿料时，先把一定量的配合精料放进桶（缸、池）内，然后按 1∶(1～1.3)的料水比例加水，加水后不要搅动，让其自然浸没，夏、秋季浸 3 小时，冬、春季浸 4～5 小时，用浸泡后湿拌料喂猪，促进饲料软化，有利于猪胃肠消化吸收。

(4)改自由采食为定量定时：定量定时有利于提高饲料转化率。如果猪过量进食，胃肠消化不了，会造成饲料浪费，定量定时，适当限饲，既经济，又科学，还有利于提高瘦肉率。一般在饲养前期每天喂 5～6 顿，在饲养后期每天喂 3～4 顿，每次喂食时间的间隔应大致相同，每天最后 1 顿要先安排在晚上 9 点钟左右。每头猪每天喂量，体重 15～25 千克的猪喂 1.5 千克，25～40 千克的猪喂 1.5～2 千克，40 千克以上的猪喂 2.5 千克以上。每顿喂量要基本保持均衡，可喂九分饱，使猪保持良好的食欲。饲料增减或变换品种，要逐渐进行，使猪的消化机能逐渐适应。

(5)先精后青：喂食时，应先喂精饲料，后喂青饲料，并做到少喂勤添，一般每顿食分 3 次投料，让猪在半小时内吃完，饲槽不要有剩料，然后每头猪投喂青饲料 0.5～1 千克，青饲料洗干净不切碎，让猪咬吃咀嚼，把更多的唾液带入胃内，以利于饲料的消化。

(6)供给充足而清洁的饮水：每餐干湿生喂之后，要供给充足而清洁的饮水。水对猪的生长发育有很重要的功能，水可以调节猪只的体温，特别是夏天，水从猪的肺和呼吸道排出体外，可以带走大量的热，从而保持猪的正常体温。水是猪各种营养物质最好的溶剂和运输工具，也是将废物从体内排泄出体外去的运输工具，对营养的消化、吸收和排除废物起重要作用。水还是猪体内各部分的润滑剂，唾液可以润滑食物帮助下咽，关节囊中的润滑液可以减少运动时的摩擦。如果猪缺水，细胞会干枯，所有的新陈代谢活动将受到影响。

2. 其他猪的饲喂方法

种猪的饲料应以精饲料为主，尤其是泌乳母猪更应以精饲料为主，可适当搭配一些优质青饲料。

精饲料应首先进行粉碎、混合，混合后可干喂（干粉料）、湿喂（水稀料和湿拌料）或制成颗粒饲料喂猪。饲料经过调制，可以增加营养价值，缩小容积，提高适口性和利用效率，并能延长保存时间和消除某些有毒因素。

（1）颗粒饲料：用颗粒机将混（配）合好的精饲料粉碎料加水和黏合剂压制而成。颗粒饲料的优点是便于饲喂，有利于消化吸收，损耗少，易保存，不易发霉，是配合饲料发展的趋势。若保证猪有充足的饮水，是非常好的母猪饲料。但是由于颗粒饲料加工成本提高，农村养猪户应用较少。

（2）干粉饲料：把粉碎后的各种精饲料按一定的比例，混（配）合好，即成干粉状饲料。在有自动饮水设备或能保证饮水供应不间断的饲养条件下，空怀母猪、妊娠母猪和泌乳母猪均可采用。采用干粉饲料喂母猪的效果，比采用水稀料的好。

（3）水稀饲料：把混（配）合好的干粉饲料，按料与水1∶（4～8）的比例混合，稀释后喂母猪。此法多适用于饮水不方便的农村一家一户养猪。水稀料由于水的比例不一样，可分为稠饲料和稀饲料。实践证明，稠饲料比稀饲料好，但稠饲料和稀饲料都不如湿拌料加适当饮水饲喂母猪好，因为水稀料所含的干物质很少，不能满足猪的生理和生产的需要。

(4)湿(潮)拌饲料：把混(配)合好的干粉饲料，按料与水1∶(1～1.5)的比例混合。这种饲料干湿程度介于水稀料和干粉饲料之间。干物质含量比水稀饲料多，但又不像干粉饲料那样难于吞咽，猪吃得快，吃得多。在喂完湿(潮)拌料后，加喂1～2次饮水，就能满足母猪对水的需要量。用此法喂母猪，既可避免妊娠母猪腹部过大影响胎儿发育，又可减少尿的排放量，有利于保持圈(栏)舍卫生，减少垫草的更换次数，从而减少泌乳母猪所带仔猪被菌感染的机会。

(5)浸泡饲料：此法适用于油饼类精饲料(油料作物籽实经提取油脂后的残余部分)。将油饼类精饲料置于池中或缸中，按1∶1.5的比例加入水进行浸泡。经过浸泡后变得膨胀柔软，便于母猪消化，从而提高了适口性。但是浸泡的时间应掌握好，浸泡时间过长，会造成营养成分的损失，适口性也随之降低，夏季更容易腐败变质。浸泡后的饲料，易于家畜咀嚼消化，特别适宜饲喂母猪。浸泡饲料的水中因含有多种营养物质，应拌入料中喂给母猪。

(6)炒焙饲料：焙炒可以提高豆类、籽实饲料的适口性。经试验表明，经炒焙后的豆类饲料，蛋白质和淀粉的利用率提高；焙炒玉米提高了母猪日增重和饲料利用率。此外，炒焙可以使饲料产生一种清香的气味，提高适口性，增进母猪食欲，增加其采食量。

四、饲料的贮存

(一)饲料的贮存条件

饲料原料及其制成品，在贮存期间的受损程度及变异情况，由一些具体的储存条件决定。例如，含水量、温度、湿度、微生物、虫害、鼠害等。

1. 含水量

各种仓储害虫最适宜的含水量为13.5%以上，各种害虫，均随含水量增加而加速繁殖。在常温下，含水量15%时，最容易长霉。在高温多湿地区，应注意避免湿热的空气进入仓库。

2. 温度

温度低于10℃时，霉菌生长缓慢；高于30℃时则将造成相当损害。

3. 湿度

湿度和温度直接影响饲料含水量多少，从而影响贮存期。

(二)饲料的贮存方法

1. 购买饲料的贮藏

购买的饲料包括全价饲料、预混饲料、浓缩饲料等。这些饲料因内容物不一致，贮藏特性也各不相同；因料型不同，贮藏性也有差异。

(1)全价颗粒饲料：全价颗粒饲料经蒸汽或水加压处理，已杀死绝大部分微生物和害虫，而且孔隙度较大，含水较低。因此，其贮藏性能较好，只要防潮贮藏，1个月内不容易霉变，也不容易因受光的影响而使维生素受到破坏。

(2)全价粉状饲料：全价粉状饲料大部分以谷物类为原料，表面积大，孔隙度小，导热性差，且容易吸湿发霉。其中的维生素随温度升高而损失加大。另外，光照也能引起维生素损失。因此，这类饲料不宜久放，最好不要超过2周。

(3)浓缩饲料：浓缩饲料导热性差，易吸潮，因而易繁殖微生物和害虫，其中的维生素易受热、氧化而失效。因此，可以在其中加入适量的抗氧化剂，不宜久贮。

(4)添加剂预混料：添加剂预混料主要由维生素和微量矿物质元素组成，有的还添加了一些氨基酸和药品及一些载体。这些成分极易受光、热、水汽影响。存放时要放在低温、遮光、干燥的地方，最好加一些抗氧化剂，不宜久贮。维生素可用小袋遮光密闭包装，使用时再与微量矿物质混合。

2. 自配饲料原料的保存

(1)玉米贮藏：玉米主要是散装贮藏，一般立简仓都是散装。立简仓虽然贮藏时间不长，但因玉米厚度高达几十米，水分应控制在14%以下，以防发热。不是立即使用的玉米，可以入低温库贮藏或通风贮藏。若是玉米粉，因其空隙小，透气性差，导热性不良，不容易贮藏。如水分含量稍高，则易结块、发霉、变苦。因此，刚粉碎的玉米应立即通风降温，装袋码垛不宜过高，最好码成井字垛，便于散热，及时检查，及时翻垛，一般应采用玉米籽实贮藏，需配料时再粉碎。

其他籽实类饲料贮藏与玉米相仿。

(2)饼粕贮藏：饼粕类由于本身缺乏细胞膜的保护作用。营养物质外露，很容易感染虫、菌。因此，保管时要特别注意防虫、防潮和防霉。入库前可使用磷化铝熏蒸，用敌百虫、林丹粉灭虫消毒。仓底铺垫也要彻底做好，最好用砻糠做垫底材料。垫糠要干燥压实，厚度不少于20厘米，同时要严格控制水分，最好控制在5%左右。

(3)麦麸贮藏：麦麸破碎疏松，孔隙度较面粉大，吸潮性强，含脂量多(多达5%)，因而很容易酸败、霉变和生虫，特别是夏季高温潮湿季节更容易霉变。贮藏麦麸在4个月以上，酸败就会加快。新出机的麦麸应把温度降至10～15℃后再入库贮藏，在贮藏期要勤检查，防止结露、吸潮、生霉和生虫。贮藏期不宜超过3个月。

(4)米糠贮藏：米糠脂肪含量高，导热不良，吸湿性强，极易发热酸败，贮藏时应避免踩压，入库时米糠要勤检查、勤翻、勤倒，注意通风降温。米糠贮藏稳定性比麦麸还差，不宜长期贮藏，要及时推陈贮新，避免损失。

(5)叶粉的贮藏：叶粉要用塑料袋或麻袋包装，防止阳光中紫外线对叶绿素和维生素的破坏。另外，贮存场所应保持清洁、干燥、通风，以防吸湿结块。在良好的贮存条件下，针叶粉可保存2～6个月。

(6)青干草贮藏

①露天堆垛：堆垛有长方形、圆形等。堆垛时，应尽量压紧，加大密度，缩小与外界环境的接触面，垛顶用薄膜覆盖。

②草棚堆藏：气候湿润或条件较好的牧场，应建造简易的干草棚贮藏干草。草棚贮藏干草时，应使棚顶与干草保持一定的距离，以便通风散热。

③压捆贮藏：把青干草压缩成长方形或圆形的草捆，然后贮藏。草捆垛长20米，宽5～6米，高18～20层干草捆，每层要设通风道，数目根据青干草含水量与草捆垛的大小而定。

第四章　饲养管理

生长育肥猪是猪生长速度最快和耗料量最大的阶段，要想获得较高的利润，必须采用科学的管理技术，提高日增重和饲料利用率，提早出栏。影响育肥猪提早出栏的因素很多，如猪的品种、饲料品质、饲喂方法、栏舍设施、疾病控制和猪场的管理等都会影响育肥猪的日增重，从而影响育肥猪的出栏日龄。

第一节　引种及相关准备

猪场应坚持自繁自养的原则，如果购进断奶仔猪进行育肥，最好亲自到有种猪生产经营许可证的猪场购买仔猪，养猪场的仔猪都经过科学培育和严格防疫，其仔猪健康，生长快，饲喂成本低。尽量避免到市场上购买，因为经过长途运输的仔猪容易得多种应激性疾病，还有市场上各地各种仔猪集中，人流量大很容易传染各种疾病，一旦买入被染上顽固性传染病的病猪，会给养殖户带来十分巨大的损失，甚至传染病毒会继续危害养殖户今后购入的健康仔猪。如果自繁自养生产需要购进种猪时，也要从具备种猪生产经营许可证的种猪场引进种猪。

1. 引种前4～3个月

猪和其他动物一样，在行为上对生活环境、气候条件和饲养管理的反应，都有其特殊表现，而且有一定的规律性。因此，养殖者要先明确养殖的目的、掌握其生物学特性，以便于进行繁殖、饲养管理等。

(1)养殖者首先要根据确定的养殖模式选择猪的来源，如是直接购买断奶仔猪进行育肥，还是购买种猪进行自繁自养，还是用于经济杂交。

(2)掌握猪的生活习性：掌握猪的生活习性，以提高养猪效益，应做好2方面的工作。一是饲养条件上，要制订合理的饲养工艺，设计新型的，符合猪生理特点的栏舍和设备，有效地控制环境，最大限度地满足猪的生理习性，提高生产效益。二是加强后效行为的训练，建立有效的条件反射，让猪从小养成良好的生活习惯，充分发挥其生产潜力，达到繁殖力高、多产肉、少消耗、高效益的目标。

①采食特性：猪的采食行为包括摄食与饮水。

Ⅰ. 摄食行为：拱土觅食是猪最主要的特点。猪鼻子高度发达，拱土觅食，嗅觉起决定作用。即使现代的舍食，饲以良好的平衡日粮，猪仍有拱地觅食的特征。采食时力图占据有利位置，有时前肢踏入食槽，将饲料拱洒一地。猪采食有竞争性，爱抢食，群饲的猪比单饲的猪吃得多、吃得快、长得快。猪喜食甜食，包括未哺乳的小猪也爱吃甜食。颗粒料与粉料相比，猪爱吃颗粒料；干料与湿料相比，猪爱吃湿料，而且花费时间少。

自然条件下，猪白天采食6～8次，夜间采食3～5次，每次采食持续时间约10～20分钟。乳仔猪昼夜吮奶次数因年龄而有差异，约在15～25次。大猪采食量和摄食频率随体重增大而增加。

Ⅱ.饮水行为：一般饮水与采食同时进行，猪的饮水量很大，吃干料时，饮水量是干料的2倍。成年猪饮水，与环境温度有很大关系，吃干料后需立即饮水，每天约9～10次，吃湿料则需饮水2～3次。自由采食时摄食与饮水交替进行，限食时则在吃完料后才饮水。2月龄前的小猪一般可学会使用自动饮水器。

②排泄行为：在良好的管理条件下，猪能保持睡床干洁，在距睡床一定距离的固定地方排泄。猪在采食中不排泄，在饱食后5分钟开始排泄1～2次。2次饲喂中间多排尿而少排粪，夜间排泄2～3次，清晨早食后排泄量最大。

③群居行为：猪有明显的等级，在一窝仔猪出生后不久很快形成，个大体壮的小猪将获得优先的哺乳和采食权。不同窝仔猪合并一起后，经一番争斗，也很快形成强弱等级次序。一般来说，体重大、气质强的仔猪占优位，年长比年少的占优位，公比母占优位，未去势比去势占优位。正常饲养，猪散开觅食，和平相处，受到惊吓时会聚在一起。

④争斗行为：猪的争斗行为多受饲养密度的影响，当猪群密度过大，单位空间下降时，采食和游戏中的争斗行为会明显增加，一是咬头，二是咬尾。会造成增重下降和巨大的饲料浪费。

两窝猪合并和1头陌生的猪进入猪群时，一般都会遭到严厉攻击，轻则1～2周停止生长，重则可达1～2个月，有的甚至成为僵猪，严重时可造成死亡。

⑤性行为：猪处在食物链的下方，常受敌兽侵害，为种族

繁衍，形成性成熟早、产仔多的特点。

母猪发情表现为卧立不安，食欲时高、时低，并有节律的、柔和的哼哼声，爬跨其他母猪和主动接近公猪，当压其背时，立刻出现特有的交配呆立反射。但有些母猪有明显的配偶选择性，对个别公猪表现出特别的厌恶。公猪兴奋时，主动接触和追逐母猪，嗅体侧、外阴，拱其臀部，并发出连续的、有节律的、柔和的哼哼声。

⑥母性行为：猪的母性行为表现为絮窝、哺乳及抚育仔猪等分娩前后的一系列行为。为保证种族的繁衍母猪应尽力抚育仔猪，保证其成活，当仔猪受到威胁时，母猪会表现出特殊的勇气和拼命牺牲精神。

Ⅰ. 分娩：临近分娩，母猪通常会以衔草絮窝的形式表现，即使是坚硬的地面，也会用爪子抓地面。分娩前 24 小时，母猪表现精神不安，频频排尿，磨牙，咬尾，拱地，时起时卧。侧卧分娩，在下午 4 点钟以后比较安静的时间，夜间产仔较多，当第一头仔猪娩出，母猪会发出尖叫声。

Ⅱ. 哺乳：母猪在整个分娩过程中都处在放奶状态，当小猪吃奶时，母猪会尽力露出乳头，以利小猪吃奶。充分暴露乳房可形成一个热源，引诱小猪在温暖的乳房下躺卧。授乳时一般侧卧，中途不换姿势，母子双方都可以主动引起哺乳行为，如哼叫、拱挤等，母性好的母猪会选一个靠墙的安全地方，用嘴将小猪拱开，慢慢卧下，以免压伤小猪，如果一旦压住，母猪会立刻站起来，重新卧下。

Ⅲ. 认子：母子之间通过嗅觉、听觉和视觉相互联系，母猪确认仔猪，仔猪确认母猪和固定奶头，非常准确，即使在很复杂的情况下也不会弄错。因此，在寄养仔猪时，要在仔猪身上涂抹代养母猪的尿，干扰母猪的嗅觉，才能获得寄养成功。如有猪离群几天，再返回到群内，由于气味的变化，也会遭到同群猪的攻击。因此，要进行合理分群，并在分群时考虑好猪舍各时期容纳猪的密度，一旦分群之后就不要随意变换，减少欺生或争斗所造成的应激反应。

Ⅳ. 护子：面对外来的侵犯，母猪会发出吼声警告，此时仔猪会伏地不动或闻声逃窜。母猪会张开两颌对来犯者发出威吓，甚至进行攻击。

⑦活动与睡眠行为：白天活动觅食，只在温暖的季节和夏天，夜间有少许觅食活动。主要活动在白天，因猪的年龄和生产特性不同而有差异，仔猪昼夜休息时间为60%～70%，种猪约70%，母猪为80%～85%，育肥猪为70%～85%，休息高峰在半夜，清晨最少。

Ⅰ. 哺乳母猪：随着哺乳天数增加睡卧时间逐渐减少，走动次数由少到多，时间由短到长。休息表现为2种方式，一是静卧，多侧卧少伏卧，呼吸轻而匀，眼虽闭但易惊醒；二是熟睡，则呼吸深长，有鼾声，间有皮毛抖动，不易惊醒。

Ⅱ. 仔猪：出生3天内，除吸乳及排泄外，几乎全部睡觉，随着日龄的增长，睡眠逐渐减少，但在40日龄大量采食后，睡眠又稍有增加。条件合适，在饱食和足饮后，一般都会安静休息。

⑧探究行为：猪的探究行为大多是朝地面的，通过看、听、闻、尝、啃、拱等行为进行探究。特别是小仔猪对周围的一切都表现出极大的好奇，会用鼻拱、口咬的方式来探查周围环境中所有的新东西，其探究时间比群体玩耍的时间还要长。猪在觅食时，首先都有一个拱掘动作，通过闻、拱、舐、啃，觉得符

合口味并确认环境安全没有危险后才会采食。例如,乳猪对待诱食的乳猪料,开始时小乳猪一般不会采食,只会拱、闻、舐,进行尝试性接触,特别是首日,这种行为达6～12次之多,经过2～4天,甚至1周才会少量采食。

猪栏内睡觉、采食、排泄有明显不同的地带,都是通过嗅觉区分不同的气味而形成的。

⑨异常行为:异常行为包括争斗、闹圈、咬头尾等超出正常行为范围的恶僻行为。

异常行为特点多与环境中有害刺激有关,如长期圈禁的母猪会顽固地咬嚼自动饮水器的铁质乳头,单调、无聊、狭小的空间会让母猪不停地咬栏柱。饲养密度增加,攻击行为也增加。有些神经质的母猪产后会出现食仔现象,营养缺乏和环境拥挤出现的咬尾行为会给生产造成极大危害。

⑩后效行为:猪出生后对新事物熟悉后便建立较固定的认识,对吃、饮的记忆力很强,能准确记住睡窝、食槽、水器、排泄点的位置,以及定时喂料、给水的笛声、铃声、敲打声。一般来说,通过训练,均能建立猪良好的后效行为,达到提高生产效率的目的。

⑪吸吮行为:仔猪在出生后约半小时就知道寻找母猪乳头吸吮母乳。吸吮行为与触觉行为、嗅觉行为、听觉行为以及印记行为一起组成猪只最初的吮乳行为。该行为有强烈的方位感,初生仔猪一经吸吮乳头(产后6小时内),将长期不会忘记这个乳头。利用这一行为特点可以按强弱大小、乳头前后,在首次吸吮时固定乳头,以期获得好的整齐度,反之将引起1～2天的吮乳争斗,影响仔猪生长。利用这一行为可用奶瓶为缺乳仔猪哺食人工乳。

吸吮行为是本能行为，随着猪只的成长会慢慢淡忘，但是在环境不良情况下，又会在断奶后记忆中出现，如吮耳、吮尾、吮血等(见反常与病态行为)。

⑫体温调节行为：猪是恒温动物，在适宜温度下，靠热传导、热辐射、热蒸发以及空气对流进行散热调节，靠自我调节的摄食量调节产热。现代瘦肉型的猪，背膘趋薄，但既不耐寒，又不耐热，尽管随着年龄的增长，耐寒力会有所提高。

猪的表皮层较薄，被毛稀疏，在炎热环境下，能吸收大量的热辐射，环境的高温容易传导猪体内；猪的汗腺甚少，在高温环境中蒸发散热能力差，故小猪与大猪均怕热，尤其是育肥猪。

在高温环境中猪的体温调节行为表现喜卧少动、呼吸加快、张口呼吸(即热性喘息，通过呼出气体来蒸发散热)、寻找泥水粪尿水打滚等，并不时将身体潮湿的一面朝向空气中，将鼻孔对着空气流动的一方以利散热。若强行在烈日或高温下驱赶，猪会加快热性喘息，发生痛苦的呼噜声或嘶叫，还发生自我保护性的跛行(减少行动，减少产热)，若仍不能调节与稳定体温，会发生日射病或热射病(中暑)、终因肺水肿、心衰、脑水肿而死亡，因此减少热应激对猪的伤害是猪场渡夏的重要任务。

在低温环境里，新生仔猪的反应最明显。仔猪将四肢卷缩在腹下，以将冰冷的地面与薄皮的腹部隔开，并相互挤堆取暖，出现持续性肌纤维的震颤以增加产热。低温应激会使仔猪抵抗力明显下降，极容易发生各种继发性感染，如肠炎、肺炎、各种传染病等。

⑬自洁行为：猪是有高度自洁行为的动物。猪在采食后，

饮水或起卧时容易排粪尿，多选择墙角，有水源，低湿的地方作为排泄点。

猪的自洁行为还表现在可利用棱角来清洁头面部，以及躯体部皮肤上的脱屑与异物；在适宜的温度下，会主动寻找水源来清洁皮肤。

环境对自洁行为有重大影响，当密度过大、炎热、圈（栏）面潮湿肮脏、骚动应激等都会使自洁行为紊乱。

2. 引种前3～2个月

进行场地规划、建造猪舍。猪舍的大小应根据养猪的多少而规划，规划时按平均每头猪占地面积1.6～2平方米计算。

3. 引种前31～20天

（1）考察本地或就近的供种单位时，看是否有《种畜禽生产经营许可证》、《动物防疫卫生许可证》和《检疫合格证》，是否发生过传染病。要多考察几个供种单位，以便进行鉴别比较，然后再确定引种地区或引种场，但不要从多家种猪场引种。

①选择场家要把种猪的健康放在第一位，应到繁殖群体规模大、技术力量强、基础设施条件完备、生产经营管理严格、服务措施完善、没有疫情的种猪场选购。一般建场时间短的疫病较少。

②种猪的系谱要清楚。

③选择售后服务较好的场家。

④尽量从一家猪场选购，否则会增加带病的可能性。

⑤选择场家应先进行了解或咨询后，再到场家与销售人

员了解情况，切忌盲目考察，以免看到一些表面现象，看到的猪可能只是一些“模特猪”。

(2)引种前30天做好饲养人员的储备工作，要选择有责任心且扎实肯干的饲养人员。

4. 引种前19～16天

对饲养人员进行饲养技术培训，让员工熟知工作标准、推进计划；知道饲养管理操作规程；掌握消毒的程序和方法；了解考核制度等。

5. 引种前15～13天

(1)根据引种的类型准备好引种的运输笼具，笼具材料要坚固、抗压。

(2)根据运输笼具的尺寸和引种的数量，选择合理的车辆。还要考虑到寒冷天气的防寒保温，炎热天降热防暑问题。

6. 引种前12～8天

(1)养殖猪舍饮水系统安装到位，确保水线密封性良好。

(2)饲槽准备齐全并安装到位。

(3)室内养殖按每平方米安装一个5瓦节能灯，可多准备一些。灯泡距地面高度2～2.5米。

(4)消毒药常用氢氧化钠、生石灰、漂白粉、新洁尔灭、过氧乙酸、高锰酸钾、甲醛溶液、灭菌净、苗毒敌、百毒杀、过氧化氢、消毒灵等。这些药应根据其作用交替使用，因此可多准备几样。

(5)准备一些常用的药品，如恩诺沙星、洛美沙星、环丙沙星、氨苄青霉素、赐美健、调利生、促菌生、乳康生、痢速康、痢菌净、庆大霉素等。根据本批猪数量准备相应日龄的疫苗。

7. 引种前7天

直线育肥的猪，饲料是关键，必须喂全价饲料，喂单一饲料达不到直线育肥的目的，一般一头猪一个育肥期，需干料300千克(以配合料为主)至350千克(以青饲料为主)，则平均每天需饲料5～6千克左右，提前1周备好全部猪只15天用量的饲料。如用自己设计的配方，要提前7天备好15天的量并将饲料加工好放入仓库，要注意防潮、防霉。

8. 引种前6天

为保证猪只的健康，避免发生疾病，新建猪舍在进猪之前猪舍内外必须要打扫干净，然后猪栏、走道、墙壁、地面用2%～3%的火碱刷洗，停半天或1天后再用清水冲洗、晾干；天棚、墙壁要用20%的石灰乳刷白消毒；将饲槽、饲喂用具、车辆等，消毒后洗刷干净备用。若是封闭式猪舍要把用具搬到舍内密封门窗，用福尔马林消毒，按每立方米空间用高锰酸钾21克、福尔马林42毫升熏蒸消毒，或福尔马林30毫升加等量水喷洒消毒，密闭熏蒸24小时，消毒效果较好(陶瓷盆在猪舍中间走道，每隔10米放1个；瓷盆内先放入高锰酸钾，然后倒入甲醛；从离门最远端依次开始；速度要快，出门后立即把门封严；如湿度不够，可向地面和墙壁喷水)。

9. 引种前5天

打开门窗、通气孔和排风扇，彻底排除多余熏蒸气体。通风时间不少于24小时，杜绝人员进出。

10. 引种前4～3天

清扫猪舍周围环境，道路、院落，用生石灰及3%热氢氧化钠溶液消毒，消毒液要保证喷洒到位。

11. 引种前 2 天

(1)设定好最佳行走路线、根据路途远近预算出车辆到达时间,并提前通知猪场做好接猪的准备工作。

(2)预防夏季高温堵车、冬天下雪等突发事故,并有应激预案。

(3)准备好卸车人员及相应的转运工具。

12. 引种前 1 天

将准备运输猪的车辆清理干净,用 2%～3%来苏儿或 0.02%百毒杀进行 2 次以上的严格消毒。长途运输的车辆,车厢最好铺上垫料。冬天可铺上稻草、麦秸、锯末,夏天铺上细沙,以降低种猪肢蹄损伤的可能性,并准备好覆盖物。

13. 引种当天

种猪是繁殖的基础,种猪的质量直接影响整个猪群的生产水平,所以,种猪的选择必须符合生产目标,只有将种猪选好才能生产出优良的后代,因此种猪的选择是繁殖技术中关键的第一步。

(1)繁殖用种猪的选择:最好由有多年实践经验的养猪专业人员帮助选种。

①种公猪的选择方法

Ⅰ.年龄的挑选:应该选择或购买 6～7 月龄的种公猪,但开始使用的最小年龄必须达 8 月龄。

Ⅱ.系谱清楚:三代系谱清楚,性能指标优良。如果体重较大,一定选择活泼好动、口有白沫、性欲表现良好的,最好是花高价钱购买采过精液、检查过精液品质的优秀种公猪。

Ⅲ.外型选择:要求种公猪的头颈较轻,占身体的比例较小，胸宽深，背宽平或稍弓起，腹部紧凑，不松弛下垂，体躯要长，腹部平直，后躯和臀部发达，肌肉丰满，骨骼粗壮，符合本品种的基本特征。

Ⅳ. 繁殖功能：要求生殖器官发育正常，睾丸发育良好，轮廓明显，左右大小一致，包皮不肥大，无积尿，不能有单睾、隐睾和阴囊疝，乳头6对以上，排列整齐均匀，精液品质优良，性欲旺盛。

②种用母猪的选择方法

Ⅰ. 年龄的挑选：作为种用的母猪，从初生时就应开始选择。

Ⅱ. 从仔猪的父母代生产性能好的良种猪的后代中选择：要求该窝仔猪产仔多、初生重大、生长发育良好、全窝仔猪整齐、哺育成活率在90%以上。

Ⅲ. 体形选择：在同窝中选择品种特征明显、个体较大、生长发育良好、体格健壮、食欲旺盛、行动敏捷、体形匀称、皮肤紧凑、毛色光亮、背腰平直、腹部不下垂者。具体要求如下：

头颈部：头颈要求清秀，下颌无过多垂肉，额部稍宽，嘴鼻长短适中。

前躯：要求肌肉丰满，胸宽而深，前肢站立姿势端正，开张行走有力，肢蹄坚实。

中躯：要求背线平直或微弓，肌肉丰满，腹线平直，腹壁无皱褶，乳头6对以上，排列均匀，无缺陷乳头。

后躯：要求臀部丰满，尾根较高，无斜尻，大腿肌肉结实，肢蹄健壮有力。

皮毛：要求皮肤细腻，不显粗糙，皮毛光亮。

生殖器官：要求阴户充盈，发育良好。

③数量选择：猪场采用本交时，公、母猪的比例为1∶(20～25)；采用人工授精时，公、母猪的比例为1∶(100～500)，但往往引进种公猪时相对要多于此比例，以防止个别种公猪不能用，耽误母猪配种，增加母猪的无效饲养日。在体重上要大、中、小搭配，各占一定比例。

④引进种猪应注意的问题

Ⅰ．要严防疫病传入：引种之前，必须详细了解种猪产区的疫情，确认无病才能引进。同时，还要考虑引进的猪种在当地的自然条件下，会发生什么疫病，如有些南方猪种引入东北以后容易发生气喘病等，必须注意预防，以免疫病传播。种猪引来后，不能立即放入猪群，至少要隔离饲养观察1个月，确认无病后再合群。

Ⅱ．要考虑血缘关系：引来的种猪相互间不能有血缘关系，并应带回种猪血统卡片，保存备查。

Ⅲ．引进的种猪应适应当地的自然条件：从外地引进猪种，有时会发生不适应的现象，表现为容易发病，不能进行正常繁殖等，给生产带来损失。在这种情况下，可实行间接引种。如南方猪引入东北后，开始表现为不适应，怕冷，易患气喘病，管理跟不上去的常出现死亡。因此，要引入南方猪作父本，不用直接到南方去引，可从本地区其他猪场去引种。因为这样的种猪，已在北方条件下经受了一段的风土驯化，比较容易适应当地条件。

Ⅳ．考虑当地饲养水平：因为引入品种在当地除了杂交改良本地猪外，还要进行纯种繁育，如适应性不好，就可能出现纯种退化现象。最好先少量引种进行杂交试验，找出杂交效果好的品种以后，再大量引入种猪。

Ⅴ. 挑选的种猪必须带有耳号,并附带耳标、免疫标志牌。

(2)育肥仔猪的选择

①选购优良的杂交仔猪:杂交猪比纯种猪长得快,而多元杂交猪又比二元杂交猪长得快。目前,选择三元瘦肉型杂交猪,生长快,抗病性强,饲料报酬高,瘦肉多,出栏好卖,价格高,经济效益好。

②就近选购,挑选同窝猪:如附近有杂交繁殖猪场,应优先作为选购对象。就近购猪,节省运输费用,使仔猪少受运输之苦,又容易了解猪的来源和病情,避免带入传染病。如果一次购买数头或几十头仔猪,最好按窝挑选,买回来按窝同圈(栏)饲养,这样可避免不同窝的猪混群,互相殴斗,影响生长发育。

③选购体大强壮的仔猪:体重大,活力强的仔猪,肥育期增重快,省饲料,发病和死亡率低。群众的经验是"初生多一两,断奶多一斤;入栏多一斤,出栏多十斤"。应选购 30 天断奶的仔猪,体重不能低于 11～15 千克。

④选购体型外貌良好的仔猪:选购的仔猪应该具备身腰长,体型大,皮薄富有弹性,毛稀而有光泽,头短额宽,眼大有神,口叉深而唇齐,耳郭薄而根硬,前躯宽深,中躯平直,后躯发达,尾根粗壮,四肢强健,体质结实。

⑤选购健康的仔猪:有慢性疾病的,如猪气喘病、萎缩性鼻炎、拉稀等,虽然死亡率不高,但严重影响猪的生长速度,拖长肥育期,浪费饲料,降低养猪的经济效益。因此,选购仔猪时必须给予重视。一般来说,凡眼神精神,被毛发亮,活泼好动,常摇头摆尾,叫声清亮,粪成团,不拉稀,不拉疙瘩粪和干球粪,都是健康仔猪的表现。反之,精神萎靡不振,毛粗乱无

光泽，叫声嘶哑，鼻尖发干，粪便不正常，说明仔猪有毛病。

另外，选购仔猪时一定要问明是否做过猪瘟、猪丹毒、猪肺疫预防接种。

(3)运输管理

①一般都是用汽车运输，但要避免使用运输商品猪的车辆装运种猪，最好用专用或供种猪场专用的车辆。

②引种时要有运输经验的专业人员押车。

③要求供种场提前2～3小时对准备运输的种猪停止饲喂饲料，以免造成种猪脱肛现象。

④在装猪前再用刺激性较小的消毒剂(如双链季铵盐络合碘)彻底消毒1次，并请当地兽医部门严格检验检疫并出具证明，准备好《动物运载工具消毒证明》、《出县境动物检疫合格证明》、《种猪免疫卡》、种猪的系谱、发票、对方场的免疫程序、购种合同、饲料配方，个别省市还需要引种方畜牧部门出具的“引种证明”。

⑤出发前检查车况、通讯设备；携带适量饲料，最好是能够保证每天2次饮食，为减少运输途中应激反应对猪的危害，也可以在饮水中添加适量的电解多种维生素、葡萄糖或补液盐。

⑥种猪装车时尽可能同类别猪只装于一栏，且体重不宜相差太大，以免强欺弱、大欺小。达到性成熟的种公猪应单独隔开，并喷洒有较浓气味的消毒药水(如复合酚)，以免种公猪间相互打架。装猪前最好注射1支长效抗生素(如长效土霉素)，应激敏感种猪可注射镇静剂(如盐酸氯丙嗪)；仔猪可用运输笼分装，按大小、强弱分别装笼，然后将运输笼分层堆码。

⑦长途运输每个隔栏的猪不宜过多，以每头猪都能躺卧

为准，但也不宜太少。一则运输成本增加；二则太松反而容易损伤种猪。装猪时大小猪分栏装，有爬跨行为的种公猪最好使用单栏。

⑧装猪完成后要尽快启程，防止停留时间过长。长途运输应尽量走高速公路，避免堵车、急刹车、急转弯，如中途发现异常，随时停车检查，驱使猪只站立，观察有无受压种猪。运输途中要经常检查猪群的情况，尤其是在喂料时更要仔细观察，发现问题及时处理。

(4)卸猪

①种猪到达目的地后，立即对装猪台、车辆、猪体及卸车周围地面进行消毒。

②卸车时应防止损伤种猪，卸完后不要急于哄入圈(栏)舍，应在原地休息 30 分钟，用围布按大小、品种、公母缓慢哄入猪栏，每栏饲养 4～5 头，种公猪体重在 70 千克以上每栏饲养 3～4 头，但体重过大或有爬跨行为的种公猪应使用单栏饲养。

③分栏完成后，应对猪只进行消毒，喷一些有气味的药物(如来苏儿、空气清洁剂)，并有专人看护 12 小时以上，防止猪只打斗。

第二节　种猪的饲养管理

一、种猪入场后的暂养管理

1. 到场后的饲喂

猪只到场后一定不能急于喂食，但要保证清洁充足的饮水，饮水中最好加一些电解质、多种维生素或饲喂青绿饲料。

安静休息2～3个小时以后，方可开食，第一次饲喂，用玉米粉与麦麸煮成稀粥，为了能补充水分，越稀越好，并加适量食盐(每50千克粥加300～500克盐)，不能喂得太饱，有七成饱即可。然后间隔3小时，就可以转入正式喂养。

猪进入一个新栏，最初几天要对猪进行调教，使猪养成吃料、睡觉、大小便三定位的良好习惯。例如，当猪入猪栏时，已消毒好的猪床铺上少量垫草，食槽放入饲料，并在指定排便处堆上少量粪便，然后将猪赶入新猪栏，发现有的猪不在指定地点排便，应将其散拉的粪便铲到粪堆上，并结合守候和勤赶，这样，很快就会养成三点定位的习惯。

种猪到场后的前2周，由于疲劳加上环境变化，机体对疫病的抵抗力会降低，可在饲料中添加适量抗生素和多种维生素，连喂2周，使种猪尽快恢复正常状态。

2. 驱虫与免疫

精心饲养3～5天后，待吃食正常，体质基本恢复了，根据原场免疫情况进行必要的驱虫和免疫接种，如猪瘟、猪肺疫、猪丹毒、仔猪副伤寒等。

3. 解除隔离

经隔离观察1个月后，若无疾病表现，可选择少量本场健康猪只调入合养。经接触观察无异常表现，对该批种猪进行体表消毒后，再转生产区投入正常生产。

二、种母猪的饲养管理

母猪的生产是养猪生产的关键环节，其生产的好坏，直接关系到养猪生产的成败。母猪生产的好坏，是以母猪每年所生产的断奶仔猪数量来衡量的。因此，必须抓好选种、配种、妊娠、分娩、哺乳、断奶等生产环节的技术措施，力争达到全配、多胎、高产的目的，为生产打下良好的基础。

（一）配种准备期的饲养管理

母猪管理的重点是发情观察和发情鉴定，适时配种。在适时配种基础上，种公猪精液质量会直接影响配种结果，所以随时检查种公猪精液的质量是非常必要的。

1. 饲喂

引进后的猪在生长期应喂优质饲粮，以保证充分发育和体质的结实度，促进生殖系统的正常发育。饲粮组成中应提供鱼粉、草粉或青饲料，严禁使用对生殖系统有危害的棉、菜籽饼（粕）以及发霉变质的其他饲料。

后备母猪的营养水平除强调能量、蛋白质水平外，还应强调赖氨酸的供应，以满足肌肉组织充分发育。在饲喂方式上，体重 20～40 千克，自由采食；体重 40～80 千克，每天饲喂 1.8 千克；体重 80 千克以上，每天饲喂 2.8 千克；配种前 10 天每天饲喂 3.5 千克。

2. 初配年龄

母猪第一次参加配种繁殖的年龄叫初配年龄，而初配年龄主要取决于其性成熟的早晚和体重。不同的品种、气候和饲养管理条件，其性成熟的早晚不同，早熟品种的母猪在 3～4 个月龄左右开始发情，培育品种及杂交种性成熟时间稍迟，约在 5 月龄左右。气候温暖，饲养管理条件较好，生长发育加快，性成熟期提前。

刚刚达到性成熟的母猪，虽有性欲表现和受胎的可能，但不可用来繁殖。因为这时母猪的卵巢发育还不正常，卵子发育不成熟，排卵少，所以受胎率较低，即使受胎，产仔也少而弱，初生的仔猪生长缓慢。更重要的是母猪身体尚未发育成熟，身体各组织器官的生长发育都很强烈，即使表现性行为，但繁殖机能还不健全，过早配种既影响本身生长发育，还会降低使用年限，甚至造成猪群退化。过晚配种则会增加育成期费用，年产仔数减少，不经济，甚至影响性机能，造成长期乏情，配种困难或屡配不孕，以致影响终生繁殖力。

适宜的初配时间除考虑年龄外，还要根据实际生长发育情况而定，不能一概而论。一般要比性成熟晚一些，在开始配种时的体重应为其成年体重的70%左右，即达到了体成熟。在一般饲养管理条件下，我国的地方猪种性成熟早，可在生后6～7月龄、体重在50～60千克时配种；国内培育品种及杂交种在7～8月龄、体重80～90千克时配种；国外品种在8～9月龄、体重90～100千克时配种。

3. 母猪发情规律和表现及不发情的处理

(1)母猪发情规律和表现：猪可常年进行繁殖，一般每年可产2胎。在气候条件较好、四季温差不大的地区或者饲养管理条件及各种设备比较先进的猪场可常年产仔。

母猪的发情周期为18～25天，平均为21天。母猪由发情开始到发情结束所需的时间叫发情持续期，一般为3～4天，常因品种、年龄、个体及环境变化而有不同。母猪性成熟后开始第一次发情，在妊娠期间不发情，要待产仔后间隔一定时间或仔猪断奶后才出现发情。但有时妊娠母猪也会出现一种不明显的发情，俗称“假发情”，即只有发情而不排卵。在妊娠后的第22～32天和第75天到产仔这两个阶段，最容易发生假发情。母猪分娩后的发情也有一定的规律，即分娩后3～8天有一个相对集中的发情期，但不明显，一般不能排卵；在哺乳中期有一个相对集中的发情期（多集中在产后27～32天）；断乳后4～5天，发情比例较大，可以人为控制提前或推迟，实现同期发情。

母猪发情时的表现既有生殖器官的变化，又有外表行为和精神状态的表现。发情开始时，母猪表现不安，食欲稍减，有时哼叫，外阴部开始充血肿胀。之后，随着阴户肿胀程度的增加，阴道内流出少量稀薄黏液，同时出现交配欲，愿意接近公猪并接受爬跨，也喜欢爬到别的猪。到发情旺期，食欲显著下降或废绝，在圈（栏）内起卧不安、哼叫、逃圈（栏）、用鼻子拱地、咬圈（栏）门、扒墙头、尿频，若此时有人接近，则其臀部往往趋向人的身边，用手按压腰部，表现呆立不动。到了发情后期，母猪的发情表现逐渐消失，食欲恢复，阴门逐渐消肿，不愿接近公猪，性欲消失。

母猪的发情表现，因品种不同而有差异，一般地方猪种发情表现明显，而培育品种、国外引进品种及杂交猪的表现，往往只是阴户肿胀、充血潮红而无其他表现。此外，老龄母猪的发情没有青、壮龄母猪表现的强烈。

确定发情准备参加配种的母猪，为防止母猪及胎儿传染猪瘟和猪蓝耳病，母猪在配种1～2周必须分别注射猪瘟疫苗和蓝耳病灭活苗（含高致病性蓝耳病苗）。

（2）母猪不发情的处理

①母猪不发情原因：由于饲养管理不当或患有生殖系统疾病，母猪可能不发情或屡配不孕。对患有生殖道疾病的母

猪应查明原因对症治疗。

后备猪容易养的过肥而不发情或配种后不孕。有的猪场将后备母猪与育肥猪一起饲养，饲料中蛋白质低，能量水平高容易过肥，过肥的母猪腹部和生殖道周围脂肪多，造成母猪排卵少，发情不明显或化胎，对这些母猪应减少精料，多运动，喂些青饲料，减少过多脂肪，促进发情受胎。

②促进发情排卵的措施：促进母猪发情和排卵是实现母猪多胎高产及挖掘其生殖潜力的有效措施，从而提高母猪的繁殖力。

在加强饲养管理的基础上，可采用以下催情和促排卵措施：

Ⅰ. 营养措施：配种前加强管理使其保持七、八成膘度，对断奶后体况瘦弱的母猪实行短期优饲，使体况迅速恢复。

Ⅱ. 公猪诱情法：用试情公猪追逐久不发情的母猪，或把公、母猪每天短时间关在同一圈（栏）内。通过公猪的嗅觉、听觉、视觉刺激、公猪分泌的外激素气味和爬跨等接触刺激，通过神经调节，促使脑下垂体分泌促卵泡激素，从而促进母猪发情排卵。此法简便易行，是一种比较有效的方法，也可通过连续播放公猪求偶声音录音磁带，利用条件反射作用试情，这种作用效果也很好。

Ⅲ. 诱情：对于不发情的母猪，用试情公猪与同关一圈（栏），或用试情公猪追逐不发情的母猪，在公猪的刺激下，可以诱发母猪发情。

Ⅳ. 激素催情：实践中常用的激素有孕马血清促性腺激素、绒毛膜促性腺激素与孕马血清促性腺激素复合制剂。孕马血清促性腺激素具有促进卵泡发育，排卵和黄体形成的作用，在血液中的有效期较长，只需注射1次即可见效。绒毛膜促性腺激素对母猪催情和排卵效果也比较显著。由于维生素A、维生素D、维生素E合剂具有促进子宫上皮生长发育和卵泡细胞发育的作用，故在使用孕马血清促性腺激素之前先肌内注射这种合剂，可提高催情效果。据报道，对乏情母猪肌内注射维生素A、维生素D、维生素E合剂（5～7毫升）后，到第3天肌内注射孕马血清促性腺激素或孕马血清促性腺激素复合制剂（1000单位/头），到第6天再肌内注射绒毛膜促性腺激素（500～1000单位/头），诱导发情率达100%，情期受胎率为75%。但在使用孕马血清促性腺激素时剂量不宜过大，如用量超过1200单位/头时，卵巢开始出现囊肿。

4. 配种时机的掌握

正确掌握母猪的配种时间，是关系到能否使母猪受胎与产仔多少的关键环节，其目的是使精子和卵子都在活力最旺盛的时候相遇受精。

母猪的排卵通常是在发情开始后24～36小时排卵，排卵数为10～25个，排卵持续时间为10～15小时。卵子排出后，在输卵管中维持受精能力的时间仅为8～12小时。公母猪交配后，精子在母猪的生殖道内由子宫运行到达输卵管壶腹部（受精部位）时需要1～2小时，而维持受精能力的时间为10～20小时。据此推算，适宜的配种时间，是在母猪排卵前的2～3小时，即在母猪发情开始后的20～30小时。

如配种过早，当卵子排出时精子已失去受精能力，便达不到受胎目的。相反，如配种过迟，当精子与卵子相遇时，卵子已失去受精能力，也达不到受胎目的。如配种时间不恰当，即使精卵能结合受精也因受精卵（合子）活力不强而在胚胎发育中途死亡。

为了达到适时配种的目的，在实践中要认真准确地进行母猪的发情排卵鉴定，尤其要注意观察母猪发情开始的时间及发情期间的表现，适时进行配种。

就品种而言，我国地方猪种发情时间较长，多为3～5天，配种时间宜在发情开始后2～3天；培育品种母猪发情时间短，多为2～3天，配种宜在发情开始后第2天；杂种猪发情时间居于中间，多为3～4天，配种可在发情开始后第2天的下午或第3天上午。

就年龄而言，老年母猪发情时间短，排卵时间提前，应该早些配种。青年母猪发情时间长，排卵时间后移，配种时间应晚一些。中年母猪发情时间居中，应在发情中期配种。因此，对不同年龄的母猪配种应掌握"老配早，小配晚，不老不小配中间"的原则。但国外引入品种的母猪发情时间短，配种时应早一些。

根据母猪发情的外部表现和行动，可以确定适宜的配种时间。在发情初期，母猪愿意靠近公猪，但公猪爬跨时母猪却逃避，此时不宜配种。待母猪接受公猪爬跨，或用手按压母猪腰部表现呆立不动，这时可给母猪进行第一次配种，间隔8～12小时，再进行第二次配种。

通过观察母猪阴户的表现来确定配种时间也是比较准确的。当母猪表现精神不安，哼叫，外阴微呈充血红肿，食欲稍有减退时，表示发情开始。继而阴门充血肿胀加深、微湿润，喜欢爬跨其他母猪或接受其他猪爬跨，这是交配欲开始期。

进入发情盛期时，阴户更加肿胀，黏液变得浓稠，精神极度不安，鸣叫频繁，出现"静立反射"现象，随之欲望减退，外阴充血红肿逐渐减退，颜色淡红、微皱，阴门较平，表情迟滞，喜欢静伏，此时便是配种适期。如果母猪行为逐渐平静，阴户充血肿胀状态及颜色更进一步减退，食欲逐渐恢复，则表现发情即将结束。

对发情症状不明显的母猪，除加强观察外，可用公猪试情进行鉴定，每日早、午、晚进行3次试情，以免造成漏配，同时还能刺激母猪性欲，促进卵泡成熟排卵，提高受胎率。

5. 配种方法

母猪的配种方法有本交和人工授精2种。

(1)本交：本交是指发情母猪与种公猪所进行的直接交配，其交配方式有4种，即单次配种、重复配种、双重配种和多次配种。

①配种方式

Ⅰ. 单次配种：母猪在一个发情期间，只与1头种公猪交配1次。这种配种方式的优点是简便，种公猪的负担轻。缺点是如果掌握不好母猪的最佳配种时间，就容易降低母猪的受胎率和产仔数。

Ⅱ. 重复配种：母猪在一个发情期内，用同1头种公猪先后配种2次，2次配种之间相隔8～12小时，此种配种方式，可使母猪生殖道内经常有活力强的精子存在，当卵巢中的成熟卵子陆续排出时，能增加与精子结合受精的机会，从而能提高母猪的产仔数。

Ⅲ. 双重配种：母猪在一个发情期内，用2头血缘关系较远的同一品种的种公猪，或用2头不同品种的种公猪进行配种，第一头种公猪配完后，间隔5～10分钟，再用第二头种公猪交配。这种配种方式的优点是能使母猪多产仔，且仔猪较整齐，仔猪的生活力高。缺点是此种配种方式使后代的血缘混杂不清，无法进行选种选配。

Ⅳ. 多次配种：母猪在一个发情期内，与同1头种公猪或2头种公猪进行3次以上的交配。这种配种方式虽能增加产仔数，但因多次配种增加了生殖道的感染机会，容易使母猪患生殖道疾病而降低受胎率。

②配种间隔：在1周内正常发情的经产母猪，上午发情，下午配第1次，次日上、下午配第2、第3次；下午发情，次日早配第1次，下午配第2次，第3日下午配第3次。

③具体方法

Ⅰ. 当母猪与种公猪个体差异不大，交配没有困难时，可以把它们赶到配种场地，不用人工辅助让它们自由交配。如公母猪个体差异较大，就需要人工辅助交配。可以选择在斜坡的地势，当种公猪小母猪大时让种公猪站在高处，当种公猪大母猪小时让母猪站在高处。在种公猪爬跨母猪时，把母猪尾巴拉向一侧，使种公猪阴茎顺利进入阴道。

Ⅱ. 辅助配种：一旦种公猪开始爬跨，立即给予帮助。必要时，用腿顶住交配的公母猪，防止种公猪抽动过猛母猪承受不住而中止交配。站在种公猪后面辅助阴茎插入阴道时要使用消毒手套，将种公猪阴茎对准母猪阴门，使其插入，注意不要让阴茎打弯。整个配种过程配种员不准离开，配完一头再配下一头。

Ⅲ. 观察交配过程，保证配种质量，射精要充分（射精的基本表现是种公猪尾根下方肛门扩张肌有节律地收缩，力量充分），每次交配射精2次即可，有些副性腺或液体从阴道流出。整个交配过程不得人为干扰或粗暴对待公母猪。配种后，母猪赶回原圈(栏)，填写种公猪配种卡，母猪记录卡。

④注意事项

Ⅰ. 最好饲前空腹配种。配种前，应将种公猪栏舍内的杂物搬出，防止撞伤猪腿或意外事故发生，同时，用3%高锰酸钾液将母猪外阴部擦洗干净，然后将母猪赶入种公猪舍内进行配种。

Ⅱ. 母猪能安静地接受爬垮，或阴户从鲜红色变为暗紫色、从肿胀变为稍皱缩，或用手按压猪后躯其站立不动，都是适宜的配种时间。一般在发情并允许爬垮后20～30小时内配种。第一次配上后间隔12～18个小时再重复配1次，以提高受胎率。

Ⅲ. 配种时，公母大小比例要合理，有些第一次配种的母猪不愿接受爬跨，性欲较强的种公猪可有利于完成交配。

Ⅳ. 配种环境应安静，不要喊叫或鞭打种公猪。

Ⅴ. 交配后用手轻轻按压母猪腰部，防止母猪弓腰引起精液倒流。

Ⅵ. 种公猪配种后不宜马上沐浴和剧烈运动，也不宜马上饮水。如喂饲后配种必须间隔半小时以上。

(2)人工授精：猪的人工授精是指用器械采取种公猪的精液，经过检查，处理和保存，再用器械将精液输入到发情母猪的生殖道内以代替自然交配的一种配种方法。采用人工授精法可以减少种公猪饲养头数，节省饲料，降低饲养成本，提高种公猪利用率。在交通不便的地区能充分利用优良种公猪，并能解决公母猪体格大小悬殊，交配困难的矛盾。有利品种改良，减少疾病传播。如果猪场本身生产水平不高，技术不过关，使用人工授精很可能会造成母猪子宫炎增多、受胎率低和产仔数少的情况。建议让技术人员先学技术,然后进行小规模人工授精试验,或采取自然交配与人工授精相结合的方式,随着生产水平和技术的不断提高,再进行推广。

①制作台猪(假母猪):假母猪是模仿母猪大致轮廓,以木质支架为基础而制成的。要求牢固、光滑、柔软、高低适中、方便实用,对外形要求不严格。一般用 1 根直径 20 厘米,长 110～120 厘米的圆木,两端削成弧形,装上腿,埋入地中固定。在木头上铺一层稻草或草袋子,再覆盖一张熟过的猪皮。组装好的假母猪后躯高 55～65 厘米,前躯高 45～55 厘米,呈前低后高,前后高度相差 10 厘米。

②训练种公猪采精:初次用假母猪采精的种公猪必须先进行训练,方可进行采精。训练前不让其接近母猪,并培养种公猪接近人的习惯,还应加强种公猪的饲养管理。对训练的场地要固定,不宜经常变动,并要保持环境的安静,使种公猪容易形成条件反射,训练容易成功。训练种公猪采精的方法主要有以下几种。

Ⅰ. 在假母猪后躯涂抹发情母猪的尿液或其阴道黏液,种公猪嗅其气味会引起性欲并爬跨假母猪,一般经几次采精后即可成功。若种公猪无性欲表现,不爬跨时,可马上赶一头发情旺盛的母猪到假母猪旁引起种公猪性欲,当种公猪性欲极度旺盛时,再将发情母猪赶走,让种公猪重新爬跨假母猪而采精,一般都能训练成功。

Ⅱ. 在假母猪旁边放一头发情母猪,两者都盖上麻袋,并在假母猪上涂以发情母猪的尿液。先让种公猪爬跨发情母猪,但不让交配,而把其拉下来,这样爬上去,拉下来,反复多次,待种公猪性欲高度旺盛时,迅速赶走母猪,诱其爬跨假母猪采精。

Ⅲ. 让种公猪看另一头已训练好的种公猪爬跨假母猪,然后诱其爬跨。训练过程中,要反复进行,耐心诱导,以便建立巩固的条件反射。切忌强迫、抽打、恐吓等,否则会发生性抑制而造成训练困难。另外,还要注意人畜安全。

③采取种公猪精液:种公猪的采精方法主要有 2 种,一种是假阴道采精法,另一种是手握法。生产实践中用得比较多的是手握法。

Ⅰ. 手握法:采精前,先消毒好采精所用的器械,并用 4~5 层纱布放在采精杯上备用。采精者应先剪平指甲,洗净消毒。也可以戴上消毒过的胶皮手套采精。另外,还要用 0.1% 的高锰酸钾溶液消毒一下种公猪的包皮及其周围皮肤并擦干。采精者蹲在假母猪的右后方,待种公猪爬上假母猪,伸出阴茎时,立即把左手手心向下握成空拳,让种公猪阴茎自行插入拳内,不要用手去抓阴茎。当龟头尖露出拳外 0.5 厘米左右时,立即握住阴茎前端的螺旋部,不让阴茎来回抽动,并顺势小心的把阴茎全部拉出包皮外,拳握阴茎的松紧度以不让阴茎滑掉为宜。注意不要把阴毛一起抓,也不能握得太紧,否则采取的精液很稀;也不能过松,使阴茎滑出拳外而造成损伤。另外,拇指轻轻顶住并按摩阴茎前端,可增加种公猪快感。当种公猪射精时,左手应有节奏地一松一紧地捏动,以刺激种公猪充分射精。一般先去掉最先射出的混有尿液等污物的精液,待射出乳白色精液时,再用右手持集精瓶收集。当排出胶样凝块时用手排除。

Ⅱ. 假阴道采精法:是模拟母猪阴道的条件而让种公猪交配射精。采精前,先安装好消过毒的假阴道,并在假阴道内用漏斗灌入 400～500 毫升温水，以调节内胎温度到 39～40℃，年轻种公猪要求偏低，老年公猪偏高。再用双连球打气，调节好适宜的压力，要求松紧适度。最后用消毒过的长玻璃棒蘸取灭菌的润滑剂(凡士林 2 份加石蜡 1 份调制而成)均匀地涂于内胎内壁，以调节润滑度，便于阴茎插入。采精时，采精者右手紧握假阴道蹲在假母猪右侧，当种公猪爬上假母猪伸出阴茎时，采精者用左手托住包皮，使阴茎自然地伸入假阴道内，而不可用假阴道去套阴茎。一般要求假阴道的角度与阴茎平行，与地面成 45°左右。射精时，将假阴道前端稍向下倾斜，以利于精液流入集精杯中。采精时，也可以用双连球调节压力，使假阴道有节奏的搏动，增加种公猪快感，促其射精。当种公猪跳下时，放掉假阴道内的空气，阴茎就会自行脱出。采精完毕后，应让种公猪休息一段时间再回圈(栏)，并要及时洗净采精器械。

④精液检查：为了保证输精后有较高的受胎率和产仔数，每次采精后和输精前必须进行精液检查。

在进行精液品质检查时，新鲜精液要注意保温，保存的精液要缓慢升温，而且要轻轻振动，以补充氧气。操作要迅速、准确，操作过程不能使精液品质受到影响。取样要有代表性，因为死、活精子，精子与精清的比重不同，取样时要先摇匀，而且最好 1 次取 2 个样品检查。评定精液品质的主要指标如下。

Ⅰ. 射精量：猪正常的射精量，我国的地方品种猪为 150～300 毫升/次，外国引入品种为 250～400 毫升/次。如果种公猪的射精量过少，说明种公猪利用过度或饲养管理不当，应采取措施，力求在短期内恢复其正常的射精量。

Ⅱ. 颜色:种公猪精液正常的颜色为乳白色或淡灰白色,若为其他颜色或精液中带有血液,均为不正常颜色,说明种公猪的生殖道有炎症或损伤;如果精液呈淡绿色,是混有脓汁;呈粉红色,是混有血液;呈黄色,是混有尿液。颜色异常的精液应弃之不用。

Ⅲ. 气味:正常精液有一种特殊的腥味,新鲜精液较浓,有臭味等异味的精液不能使用。

Ⅳ. 密度:滴一滴精液在载玻片上,轻轻盖上盖玻片,在300倍左右的显微镜下观察,如果整个视野中布满精子,则为"密";若视野中可以看见单个精子活动,彼此之间的距离约等于1个精子的长度,则为"中";若在视野中分布稀疏,空隙很大,精子间的距离超过1个精子的长度,则为"稀"。

Ⅴ. 活力:指精子活动的能力。精子的活动有直线前进、旋转、原地摆动3种,以直线前进的活力最强。检查时,先行在载玻片上滴1滴精液,再轻轻盖上盖玻片,不要产生气泡,置于300倍左右的显微镜下观察,用视野中呈直线前进运动的精子数占视野中精子的估计百分比来表示精子活力。一般用于输精的精子活力要求在0.5以上。注意保存后的精液要先经1.5～2小时的振荡充氧,使之恢复活力后方可检查。

⑤精液稀释:精液稀释是在精液里加一些配制好的、适宜于精子存活的并保持精子受精能力的溶液,精液稀释后不仅增加了精液的容量,还能使精液短期甚至较长期地保存起来,继续使用,便于长途运输,从而大大提高优秀种公猪的繁殖率。

Ⅰ. 猪精液稀释液的配制

常用的猪精液稀释液种类有很多,其配方有以下几种。

•奶粉稀释液:奶粉9克,蒸馏水100毫升。

•葡柠稀释液:葡萄糖5克,柠檬酸钠0.5克,蒸馏水100毫升。

•"卡辅"稀释液:葡萄糖6克,柠檬酸钠0.35克,碳酸氢钠0.12克,乙二胺四乙酸钠0.37克,青霉素3万国际单位,链霉素10万国际单位,蒸馏水100毫升。

•氨卵液:氨基乙酸3克,蒸馏水100毫升配成基础液,基础液70毫升加卵黄30毫升。

•葡柠乙液:葡萄糖5克,柠檬酸钠0.3克,乙二胺四乙酸0.1克,蒸馏水100毫升。

•葡柠碳乙卵液:葡萄糖5.1克,柠檬酸钠0.18克,碳酸氢钠0.05克,乙二胺四乙酸0.16克,蒸馏水100毫升,配成基础液,基础液97毫升加卵黄3毫升。

以上稀释液除"卡辅"外,抗生素的用量为青霉素1000国际单位/毫升、双氢链霉素1000微克/毫升。

Ⅱ.精液的稀释和稀释倍数:稀释之前需确定稀释的倍数。稀释倍数根据精液内精子的密度和稀释后每毫升精液应含的精子数来确定。猪精液经稀释后,要求每毫升含1亿个精子。如果密度没有测定,稀释倍数国内地方品种一般为0.5~1倍,引入品种为2~4倍。

Ⅲ.注意事项

•精液稀释液要求在使用前1个小时配制好,调节稀释液的pH值为6.8~7.4,贴好标签,注明品名、配制时间、配制人等,放入4℃冰箱保存,以备用。

•稀释液可分为短效、中效和长效,不论使用哪种稀释液,都应尽快输精,除非迫不得已。短效稀释液,要求在3天内使用；中效稀释液，可保存精液 4～6 天；长效稀释液，可保存精液 7 天以上。不同的种公猪精液对稀释液有一定的选择性，如果 1 头种公猪的精液用某种稀释液效果不好时，可以考虑更换其他稀释液。

⑥精液的分装与保存：精液的分装方式有瓶装、管装和袋装 3 种，装精液用的瓶、管和袋均为对精子无毒害作用的塑料制品。瓶装的精液分装时简单方便，易于操作，但输精时需要人为瓶底开口，因瓶子有一定的固体形态；袋装的精液分装需要专门的精液分装机，用机械分装、封口，但输精时引起较软，不需人为挤压。瓶子上面均有刻度，最高刻度为 100 毫升袋子，一般为 80 毫升。

分装后的精液，要逐个粘贴标签，1 个品种 1 个颜色，便于区分。分好后将精液瓶加盖密封，封口时尽量排出瓶中空气，贴上标签，标明种公猪的品种、耳号及采精日期与时间。

需要保存的精液，先在室温 22～25℃下放置 1～2 小时，或用几层干毛巾包好直接放在 16～18℃的精液保存箱中。稀释分装后的精液，放入精液保存箱时，不论是瓶装的或是袋装的，均应平放，这样才增大精子沉淀后铺开的面积，减少沉淀的厚度，降低精子死亡的比率。从放入保存箱开始，每隔 12 小时，要摇匀 1 次精液（上下颠倒），因精液放置一定时间，精子将沉淀瓶底部。可在早上上班，下午下班时各摇匀 1 次。为了便于监督，每次摇动的人都应有摇动时间和人员的记录。尽量减少精液保存箱门的开关的次数，防止频繁升降温对精子的打击。保存过程中，一定要注意精液保存箱内温度计的变化，防止温度出现明显波动。

⑦精液运输

Ⅰ.短途运输:最常用的短途运输工具是泡沫塑料箱或疫苗箱。气候温和季节可将精液容器直接放入疫苗箱中运输;如果气温较高或较低(尤其是气温较低时),应用冰袋或热水袋放在疫苗箱底部,然后盖上小棉被,再将精液放入箱中,并放1支温度计,随时测量箱内的温度,温度保存在16～20℃,但如果在短时间内输精,温度允许达到25℃,但不可低于16℃。极端寒冷地区在输精前可用热水袋将精液逐步升温到33℃左右,再用于输精,以防输精时,精液温度进一步下降。

Ⅱ.长途运输或长时间运输:长途运输情况下,精液受外界温度影响程度较大,可采用专用车载冰箱存放精液。如果用疫苗箱或泡沫塑料箱存放应定时观察箱内温度。如果能保证车箱内合适的温度,则运输更安全,对存放容器的要求可以低些。

⑧给发情母猪输精:输精是人工授精最后一个技术环节,适时准确地把一定量优质精液输到发情母猪生殖道内适当部位,是保证得到较高的受胎率、提高产仔数的关键。

猪的输精器由1只50毫升注射器连接1条橡皮输精管组成。输精前,要对所有输精器械进行彻底洗涤,严密消毒,最后用稀释液冲洗。一般器械可以用蒸煮法消毒,但橡胶制品要用75%的酒精消毒或用短时间的蒸汽消毒。母猪外阴部用0.1%高锰酸钾或1/3000新洁尔灭清洗消毒。冷冻精液必须先升温解冻,经检查质量合格的方可用于输精,一般要求解冻后的活力不得低于0.3。新鲜精液、常温或低温保存的精液镜检活力要在0.6以上,温度低时,要升温到35℃。

输精时,先用已消毒过的注射器吸取合格精液20毫升左右(技术熟练的可用10～15毫升输精量),排出空气。让母猪自然站稳，并在输精胶管前端涂以少许精液使之润滑。注入时，首先用左手将阴唇张开，再将输精管插入阴道，先向上方轻轻插入10厘米左右，以免损伤尿道口，再沿水平方向行进，边旋转输精管，边抽送，边插入。待插进25～30厘米左右感到插不进时，稍稍向外拉出一点，借压力或推力缓慢注入精液，如注入精液有阻力或发生倒流时，应再抽送输精管，左右旋转再压入。输精时间为2～5分钟，输精不宜太快。输精完毕，缓慢抽出输精管，然后用手按压母猪腰部，以免母猪弓腰收腹，造成精液倒流。另外，在输精过程中，可用手按压母猪臀部或抚摩其乳房、阴蒂，刺激十字部，增加母猪快感，并可抬高臀部，以利于输精，也防止了母猪逃跑现象的发生。

总之，输精动作可概括为8个字，即“轻插、适深、慢注、缓出”。每个发情期应尽量输精2次，间隔12～20小时。

6. 妊娠的判定

早而准确地判定母猪是否妊娠，对提高母猪的繁殖力有重要意义。因为已妊娠的母猪，就必须按妊娠母猪进行饲养管理；如未妊娠，则要采取必要措施，促其发情再行配种，以免造成母猪空怀。

(1)根据发情周期判断：猪的发情周期平均为3周时间(母猪的发情周期为18～25天，平均为21天)，若配种后3周后不再发情，就可推断已经妊娠。

(2)根据外部特征及行为表现来判断：凡配种后表现安静，能吃能睡，膘情恢复快，性情温驯，皮毛光亮并紧贴身躯，行动稳重，腹围逐渐增大，阴户下联合的裂缝向上收缩形成一条线，则表示受孕。

(3)验尿法：取母猪早晨8～10时的新鲜尿液15毫升，将其放入透明玻璃瓶内。往装有尿液的玻璃瓶里滴入几滴醋或少许碘酒，然后将玻璃瓶置于小火上，逐渐加温直至尿液沸腾，观察尿液颜色来判断母猪是否怀孕。如尿液呈红色则说明母猪已怀孕。如尿液呈浅黄色或褐绿色，且冷却后颜色马上消失，说明母猪没有怀孕。

(4)指压法：用拇指与示指用力压捏母猪第 9 胸椎到第 12 胸椎背中线处，如背中部指压处母猪表现凹陷反应，即表示未受孕；如指压时表现不凹陷反应，甚至稍凸起或不动，则为妊娠。

(5)仪器测定：用妊娠测定仪测定配种后 25～30 天的母猪，准确率为 98％～100％。

(二)怀孕期的饲养管理

受精是妊娠的开始，妊娠期平均 114 天(108～120 天)，通常分为妊娠初期(配种至配种后第 28 天)、妊娠中期(妊娠第 29～84 天)和妊娠后期(妊娠第 84～112 天)3 个阶段。

妊娠母猪饲养管理的目标就是要保证胎儿在母体内正常发育，防止流产和死胎，产出健壮、生存力强、初生体重大的仔猪，同时还要使母猪保持中上等的体况，为哺育仔猪做准备。

1. 妊娠期的生理特点

母猪妊娠后新陈代谢旺盛，饲料利用率提高，蛋白质的合成增强，青年母猪自身的生长加快。据试验报道，给妊娠母猪和空怀母猪吃相同数量的同一种饲料，妊娠母猪产仔后比空怀母猪多增重 1.5 千克左右。妊娠前期胎儿发育缓慢，母猪增重较快。妊娠后期胎儿发育快营养需要多，而母猪消化系统受到挤压，采食量增加不多，母猪增重减慢。妊娠期母猪营养不良胎儿发育不好。营养过剩，腹腔沉积脂肪过多，容易发生死胎或产出弱仔。

2. 胎儿发育规律

卵子在输卵管受精后，受精卵沿着输卵管向两侧子宫角移动，附植在子宫黏膜上，在它周围逐渐形成胎盘，母体通过胎盘向胎儿供应营养。胎儿在妊娠前期生长缓慢，各器官形成。妊娠后期胎儿生长很快。猪的妊娠期 114 天（108～120 天），妊娠 1～90 天胎儿重 550 克，而后 24 天增重很快，体重可达 1300～1500 克。

不同胎龄胚胎的化学组成不同，随胎龄的增加，胚胎的水分降低，干物质增加，粗蛋白质和矿物质也相应增加。

3. 孕期管理

(1)孕期饲喂

①妊娠母猪的饲喂方式：在母猪的妊娠期内，根据母猪的生理及体况条件，应采取不同的饲养方式。其饲养方式主要有以下 3 种。

Ⅰ. 抓两头带中间的饲养方式：适用于断奶后膘情差的经产母猪。在妊娠初期应加强营养，使其恢复繁殖体况，连同配种前的 10 天在内约 1 个月的时间加喂精料，特别是含蛋白质高的饲料。待体况恢复后再按标准饲养，妊娠 80 天后，由于胎儿增重较快，更应加强营养。

Ⅱ. 步步登高的饲养方式：适用于初产母猪和哺乳期间配种的母猪。前者本身还处于生长发育阶段，后者生产任务繁重。因此，整个妊娠期间的营养水平，应随着胎儿体重的增长而逐步提高，但在产前 5 天左右，日粮应减少 30%，以免造成难产。

Ⅲ. 前粗后精的饲养方式:适用于配种前体况良好的经产母猪。因为妊娠初期胎儿很小,加之母猪膘情良好,这时按照配种前的营养需要在日粮中可以多喂青粗饲料,以满足其营养需要水平,这种营养水平基本上能满足胎儿生长发育的需要。到了妊娠后期,由于胎儿生长发育增快,再加喂精料。

优质青绿饲料和青贮饲料特别适合于饲喂妊娠母猪,既有利于维持旺盛食欲,促进消化吸收和粪便排泄,又有利于提高产仔数和降低饲料生产成本,所以有条件的猪场每天可适当加喂青饲料。

②妊娠母猪的饲喂量

Ⅰ. 妊娠初期(配种至配种后第 28 天):此阶段,不能投喂过多饲料,避免猪摄入的能量过高,导致孕酮分泌较少,从而使胚胎成活数减少。所以母猪配种后立即改用妊娠母猪料,并控制采食量。而且不要移动和惊吓母猪,防止母猪流产。建议配种后 7 天内严格限饲,每头每天约 1.5 千克(体况很瘦的母猪多喂一些),配种后第 7～28 天适当限饲,按照母猪体况投料,每头每天 1.8～2.2 千克。

Ⅱ. 妊娠中期(妊娠第 29～84 天):此阶段,目标是保证胎儿发育的需要和母猪自身代谢的需要,也是母猪体况调整期,每头每天 2.2～2.7 千克。对于偏瘦的母猪可适当增加投料量,但是注意不要过度饲喂,导致哺乳期的采食量下降。不要过早“供胎”,妊娠第 75 天后是乳腺发育的关键时期,过量摄入能量增加乳腺中脂肪的沉积,减少乳腺分泌细胞的数量,导致哺乳期泌乳量的减少。头胎母猪建议全程每天饲喂 1.8～2.5 千克料即可,防止胎儿过大造成难产。

Ⅲ. 妊娠后期(妊娠第 84～112 天):此阶段,胎儿生长发育速度很迅速，仔猪初生重的60%～70%来自产前1个月的快速生长，同时也是乳腺充分发育的时期。为了胎儿快速生长及母猪乳腺发育的需要，投料量每头每天2.8～3.5千克。预产前1周不应该太强调减料，直到预产前2天可适当减少投料量。这样既可以提供母猪充足的能量与营养，能在分娩时保持充沛的体力，又能防止吃进的饲料太多压迫产道造成难产。

(2)保胎

①配种后尽快将群饲改为个体饲养(妊娠前期可采用3～5头的小群饲养，后期单圈(栏)饲养)，在适温的情况下保持安静，使子宫能有效地埋植更多的受精卵。此时期的母猪应尽量少受应激的刺激，特别是要避免热应激，不得鞭打、追赶及粗暴对待母猪，不得大声吆喝，不得饲喂霉败、冰冻的饲料，以防止死胎和流产。

②调教定点排便，保持圈(栏)舍干燥卫生，做好夏防暑冬保暖工作，使温度保持在20℃左右，严禁舍内高温、潮湿、结冰、打滑，防止流产。

③怀孕母猪需禁用直接兴奋子宫平滑肌类药物和间接兴奋子宫平滑肌类(强烈泻药)药物。如直接刺激子宫的平滑肌类药物(麦角制剂、脑垂体后叶素、催产素、奎宁等)，间接兴奋子宫平滑肌类(硫酸镁、硫酸钠、蓖麻油等)，用药后对肠道有机械或化学刺激作用，能反射性地兴奋子宫，影响胎儿生长。此外，妊娠早期用可的松、性激素、长效磺胺等药物也会产生不良后果。

④凡是引起母猪体温升高的疾病，如子宫炎、乳房炎、乙型脑炎、流行性感冒等，都是造成胎儿死亡的重要原因。故要

做好圈(栏)舍的清洁消毒和疾病预防工作,防止子宫感染和其他疾病的发生。

⑤降温措施:有洒水、洗浴、搭凉棚、通风等。冬季要搞好防寒保温工作,防止母猪感冒发烧造成胚胎死亡或者流产。

⑥适当运动:妊娠母猪应给予适当的运动。无运动的猪舍,要赶至圈(栏)外运动,临产前5~7天停止运动。

(3)减少胚胎死亡:在养猪生产中,猪瘟、伪狂犬、细小病毒、乙脑、繁殖与呼吸综合征等都可不同程度引起母猪繁殖障碍,导致胎产活仔数减少乃至繁殖失败。如何减少这些疫病的发生,将损失降至最低水平,要因地制宜地制订好免疫程序,在配种前必须切实搞好免疫,提高母猪的免疫力,减少死胎、弱仔的发生。

胚胎在妊娠早期死亡后被子宫吸收,称为化胎。胚胎在妊娠中、后期死亡不能被母猪吸收而形成干尸,称为木乃伊。胚胎在分娩前死亡,分娩时随仔猪一起产出,称为死胎。母猪在妊娠过程中胎盘失去功能使妊娠中断,将胎儿排出体外,称为流产。

①胚胎死亡:化胎、死胎、木乃伊和流产都是胚胎死亡。母猪每个发情期排出的卵大约有10%不能受精,有20%~30%的受精卵在胚胎发育过程中死亡,出生仔猪数只占排卵数的60%左右。猪胚胎死亡有3个高峰期:首先是受精后9~13天,这时受精卵附着在子宫壁上还没形成胎盘,容易受各种因素的影响而死亡,然后被吸收化胎。第二个高峰是受精后第3周,处于组织器官形成阶段。这2个时期的胚胎死亡约占受精卵的30%~40%。第三个高峰是受精后的60~70天,这时胎儿加快生长而胎盘停止生长,每个胎儿得到的营养

不均，体弱胎儿容易死亡。

②胚胎死亡原因

Ⅰ.配种时间不适当，精子或卵子比较弱，虽然能受精，但受精卵的生活力低，容易早期死亡被母体吸收形成化胎。

Ⅱ.高度近亲繁殖使胚胎生活力降低，形成死胎或畸形。

Ⅲ.母猪饲料营养不全，特别是缺乏蛋白质、维生素A、维生素D和维生素E、钙和磷等容易引起死胎。

Ⅳ.饲喂发霉变质、有毒有害、有刺激性的饲料。冬季喂冰冻饲料容易发生流产。

Ⅴ.母猪喂养过肥容易形成死胎。

Ⅵ.对母猪管理不当，如鞭打、急追猛赶，使母猪跨越壕沟或其他障碍，母猪相互咬架或进出窄小的猪圈(栏)门时互相拥挤等都可能造成母猪流产。

Ⅶ.某些疾病，如乙型脑炎、细小病毒、蓝耳病等可引起死胎或流产。

③防止胚胎死亡措施

Ⅰ.妊娠母猪的饲料要好，营养要全，尤其注意给妊娠母猪补充足够的钙、磷，最好在日粮中加1%～2%的骨粉或磷酸氢钙。不要把母猪养的过肥。

Ⅱ.不要喂发霉变质、有毒、有害、有刺激性和冰冻的饲料。

Ⅲ.妊娠后期可增加饲喂次数，每次给量不宜过多，避免胃肠内容物过多而压挤胎儿。产前应给母猪减料。

Ⅳ.防止母猪咬斗、跳沟和滑倒等，不能追赶或鞭打母猪。夏季防暑，冬季保暖防冻。

Ⅴ.应有计划配种，防止近亲繁殖。要掌握好发情规律，做到适时配种。

Ⅵ．注意卫生，防止疾病。

(4)提高母猪年产仔窝数的措施：母猪妊娠期为114天。若母猪在产仔后40天内发情配种，则一头母猪一个生产周期为154天，一年2个生产周期需308天，一年余57天，2年生产4窝仔猪还余114天。又可生产一窝仔诸，即2年产仔近5窝。

实践证明，母猪无论在任何时期断乳，只要采取饥饿断乳法(母猪断乳时减少饲料给量)，在1周内皆可发情。母猪从断乳到发情配种需5～10天，平均为7天，妊娠率可达100%。若仔猪30日龄断乳，则母猪在产仔后37天即可发情配种。

①仔猪早期断乳：这是提高母猪年产仔窝数的主要方法。目前根据我国实际情况(猪舍、饲料条件等)可采取28～30日龄断乳。这样的仔猪适应植物性饲料较早，食欲好、增重快、不拉稀、非常好养。对早期断乳的仔猪，在5～10日龄即应进行吃料训练，并注意科学补饲。仔猪离乳后可在原圈(栏)饲养，待其适应后再分群饲养。同时要做好防寒保温和卫生消毒工作，防止仔猪病。

②促使母猪在哺乳期发情配种：在母猪哺乳20～30天内催情，使其能够发情配种，可以既哺乳，又妊娠，大大缩短母猪生产周期。促使母猪哺乳期间发情的方法有3种：一是人工间隔断奶法。即人为控制并延长仔猪吃乳的间隔时间，白天只让仔猪吃乳1～2次，夜间让其母仔在一起。由于仔猪吃乳间隔拉长，使母猪乳房内积存大量乳汁，造成乳房膨胀，从而限制了缩宫素的分泌，血液中缩宫素减少，降低了卵泡刺激素的抑制作用，因而能促进母猪的发情与排卵；二是利用种公猪

诱情。对有种公猪的养猪户,可在人工隔乳期间,将种公猪赶到母猪运动场内诱情,每次15～20分钟,1天1次,连续3～4天后母猪即可发情;三是注射孕马血清促性腺激素。对分娩后18～32天的哺乳母猪,注射孕马血清促性腺激素,注射后第4～5天进行2次人工授精,哺乳母猪妊娠率可达70%。

(5)母猪临产前注射的疫苗:为防止新生小猪(又称苗猪)传染伪狂犬、细小病毒、黄白痢、流行性腹泻和传染性胃肠炎,在母猪临产前3～4周最好分别注射伪狂犬灭活苗、K88～99三价或四价灭活苗、流行性腹泻和传染性胃肠炎二联灭活苗。初产及三胎以内的母猪预产前还要注射细小病毒灭活苗。每次注苗最多3种,间隔5～7天,方可再注射疫苗。

(6)疫病预防:在母猪分娩前1周的母猪料中要添加抗生素,如每吨饲料中添加氟甲砜霉素+洛美沙星1000克,减少母猪排出病菌污染分娩舍,切断疾病从母猪到小猪(又称苗猪)的水平传播。

(三)分娩与护理

分娩是养猪生产中最繁忙的环节,这个环节的任务是保证母猪安全产仔和初生仔猪的成活。

1. 母猪预产期的推算

母猪妊娠期为111～117天,平均114天。本地母猪妊娠期短,引进品种较长。正确推算母猪预产期,做好接产准备工作,对生产很重要。推算预产期的方法有如下几种。

(1)"三三三"推算法:即母猪的妊娠期3个月3个星期加3天。

(2)计算法:此法根据3个原则。一是完全根据公历来计算,因公历闰年只闰2月;二是根据妊娠期114天来计算;三是日期不够减时借1月，不管上月是否大月，每月按30天计算。计算口诀为月份加4，日期减6，再减大月数，过2月加2天(闰年2月只加1天)。例如，1头母猪5月13日配种，其预产日期为：月份加4(5＋4＝9)，日期减6(13－6＝7)，再减去3个大月数即7－3＝4，该头母猪的预产期是9月4日。或用月减8，日减8来计算，如5月13日配种，其预产期为月份减8(5－8＝9，借了12个月)，日期减8(13－8＝5)。

2. 加减饲料

如果母猪膘情好，乳房膨大明显，则产前1周应逐渐减少喂料量，至产前1～2天减去日粮的一半；并要减少粗料、糟渣等大容积饲料，以免压迫胎儿，或引起产前母猪便秘影响分娩。发现临产症状时停止喂料，只喂豆饼麸皮汤。如母猪膘情较差，乳房干瘪，则不但不应减料，还要加喂豆饼等蛋白质催乳饲料，防止母猪产后无奶。

3. 健康检查

妊娠母猪于产前15～20天进行1次健康检查，发现有体外寄生虫及其他疾病时应对症治疗。

4. 迁入产房

临产前10天将母猪迁入产房，使它熟悉和习惯新环境，避免临产前激烈折腾造成胎儿临产窒息死亡，但也不要过早地将母猪迁入产房，以免污染产房和降低母猪体力。

注意观察母猪分娩前1周即应随时注意观察母猪动态，加强护理，防止提前产仔、无人接产等意外事故。

5. 分娩前的准备工作

(1)产房和用具的准备：根据母猪预产期推算，在产前1～

2周就应准备好产房，产房要求干燥、保温、通风、光照充足，并经过彻底清扫消毒才能使用。方法是将地面和墙面用大量清水冲洗干净，再用2%热烧碱溶液浸泡1～2小时后，用大量清水冲洗干净，然后空栏干燥，母猪进栏前用2%～5%来苏儿溶液喷洒墙面和地面。墙面亦可用20%石灰乳粉刷。

确保产仔箱的加热灯具安全、正常工作，电源线要远离母猪和仔猪。当用275瓦的灯泡时，加热灯要安装在离地面45厘米的地方，以保证提供34℃的环境温度。当灯悬挂的较高时，只能起到光源的作用，当灯悬挂低于45厘米时，灯下温度太高，仔猪不能适应。

保育箱里面放入柔软的垫草，不要过长，以10～15厘米为宜。准备好耳号钳、5%的碘酒和0.1%的高锰酸钾等消毒药品、称重工具、母猪记录卡等。

(2)保温：寒冷季节产房内应有取暖设备，保证产房大环境温度不低于25℃，以25～26℃为宜，初生仔猪保育箱温度应为32℃左右。

(3)饲喂：产前10天起逐渐改喂“速育保”，产前5～7天开始逐渐减少饲喂量，到产前1～2天减到每天饲喂1～1.2千克。此时最好能掺入青饲料，调成稀食饲喂。发现临产征状，停止饲喂，只喂豆饼麸皮汤。若母猪膘情不好，乳房膨胀不明显，就不要减料，还应适当增加一些富含蛋白质的催乳饲料，例如鱼粉、鸡肉粉等。

6. 母猪临产征兆

母猪的妊娠期平均是114天，只要登记上配种的日期准确，就可以推算出预产期。但真正的产仔日期不一定这样准确，有的母猪可能提前4～5天，也有的可能推迟5～6天。随着胎儿的发育成熟，母猪在生理上会发生一系列的变化，如乳房膨大、产道松弛、阴户红肿、行动异常等，都是准备分娩的表现。

(1)母猪分娩前15～20天，乳房就从后向前逐渐膨大，乳房基本与腹部之间呈现出明显的界限。

(2)到产前7天左右，乳房膨胀得更加厉害，两排乳头胀得向外开张呈“八”字形，色红发亮。

(3)产前3～5天，阴户开始红肿，尾根两侧逐渐下陷，但较肥的母猪下陷常不明显。

(4)产前2～3天，乳头可挤出乳汁。当前部乳头能挤出乳汁，产仔时间常不会超过1天。如最后一对乳头能挤出乳汁，约经6小时即可产仔。这时如母猪来回翻身躺卧，常会出现乳汁外流，乳头周围粘满草屑，这种情况对膘情差、乳汁不足的母猪来说常不明显。

(5)在产前母猪会衔草做窝，这是母猪临产前的特有症状。初产母猪比经产母猪做窝早；冷天比热天做窝早。同时，食欲减退或不食。

(6)如发现母猪精神极度不安，呼吸急促，挥尾、流泪，时而来回走动，时而像狗一样坐着，拉屎、排尿频繁，则数小时内就要产仔。

(7)如母猪躺卧，四肢伸直，每隔1小时左右发生阵缩1次，且间隔时间越来越短，全身用力努责，阴户流出羊水(破水)，则很快就要产出第一头仔猪。

7. 接产

分娩是养猪生产中最繁忙的环节，这个环节的任务是保证母猪安全产仔和初生仔猪的成活。接产人员在接产前应把指甲剪短，用肥皂洗净手臂。

（1）接产前消毒：产前要将母猪的腹部、乳房及阴户附近的污物清除，然后用2%～5%的来苏儿溶液进行消毒，消毒后清洗擦干。

（2）接产：为了工作方便希望母猪能在白天分娩，可注射氯前列烯醇，每次注射0.1～0.5毫克（1.0～1.5毫升）一般在产前40～50小时进行，时间是上午9点到下午4点前，注射后20～30小时开始产仔，最早为15小时，最晚为36小时。

正常分娩所需时间平均为4小时左右，分娩平均间隔18分钟。产子数越少，则每头产子的间隔时间越长。一般母猪在破水后30分钟即会产出第一头仔猪。当仔猪产出后，应立即用手指掏出其口腔内的黏液，然后用柔软的垫草将口鼻和全身的黏液擦干净，以防堵塞，影响仔猪呼吸和减少体表水分蒸发，避免仔猪感冒。个别仔猪在出生后胎衣仍未破裂，接产人员应马上用手撕破胎衣，以免仔猪窒息而死。随后用手固定住脐带基部，另一手捏住脐带，将脐带慢慢从产道内拽出，切不可通过仔猪拽脐带。把脐带向仔猪方向撸几下，然后距离仔猪4厘米处用线结扎。断面用5%的碘酒消毒。留在仔猪腹壁上的脐带3、4天后，即会干枯脱落。

断脐带后立即将仔猪称重，打耳号，然后将仔猪放到红外线灯下，将身体烤干。母猪分娩时间较长时，可以在分娩间歇时把仔猪从护仔箱中取出吃奶，最好使仔猪在生后2小时内吃到初乳。仔猪吃奶的刺激有利于子宫收缩，加快分娩过程。

（3）难产处理：猪是多胎动物，胎儿较小，在正常的饲养和合理繁育情况下不易发生难产。但有时母猪过肥，个别胎儿特别大，后备母猪配种过早，产道狭窄以及胎位异常等，有可能引起难产，发生难产时，如不及时采取措施，母猪长时间剧烈阵痛，心跳加快，有的甚至发生呼吸困难，造成母子皆死。

在处理难产时要判断正确，无论是分娩开始还是顺产几头后发生难产，均表现为母猪侧卧后长时不产，阵痛和努责次数多，弓背或呻吟，起卧不安等。

①临产母猪子宫收缩无力或产仔间隔超过半小时者，可注射缩宫素，但要注意在子宫颈口开张时使用。

②注射缩宫素仍无效或由于胎儿过大、胎位不正、骨盆狭窄等原因，造成难产应立即人工助产。人工助产时，要剪平指甲，润滑手、臂并消毒，然后随着子宫收缩节律慢慢伸入阴道内；手掌心向上，五指并拢；抓仔猪的两后腿或下颌部；母猪子宫扩张时，开始向外拉仔猪，努责收缩时停下，动作要轻；拉出仔猪后应帮助仔猪呼吸（假死仔猪的处理：将其前后躯以肺部为轴向内侧并拢、放开反复数次）。产后阴道内注入抗生素，同时肌注得力先等抗生素 1 个疗程，以防发生子宫炎、阴道炎。

③对难产的母猪，应在母猪卡上注明发生难产的原因，以便下一产次的正确处理或作为淘汰鉴定的依据。

8. *产后护理和饲养*

（1）产后护理：母猪妊娠是在两侧子宫角，产出全部仔猪后，先后有两串胎衣排出。接产人员应检查胎衣是否全部排出，如果在胎衣的一端形成堵头或胎衣上的脐带数与产仔数相同，表示胎衣已经排完，将胎衣和脏的垫草一起清除出去，防止母猪吃胎衣而形成吃仔猪的恶癖。当胎衣排出有困难时应注射缩宫素，促进子宫收缩排出胎衣，并用 3%高锰酸钾水擦拭母猪奶头和两侧，同时对母猪颈部肌注 320 万～400 万国际单位青霉素，连注 2 天，每天 2 次，以防母猪高烧和子宫发炎。再将仔猪轻轻放入母猪圈（栏）舍内让其喂奶，最好是第一次人工看护喂奶后再放入仔猪箱内，每隔 4 小时喂奶 1 次，连续 4 天，以防仔猪被母猪压死。此后应加强观察仔猪和母猪的排便颜色和精神状况，做到疾病早发现、早治疗，以提高仔猪的成活率。

（2）产后饲养：母猪分娩过程体力消耗大，产后极度疲劳，腹内空虚，饥渴感很强，但产后不能立即饮喂，应让母猪休息 0.5～1 小时以后，再少给些温热的麸皮豆饼汤。

（3）疫病预防：在母猪分娩后 1 周的母猪料中要添加抗生素，如每吨饲料中添加 80％支原净 125 克＋洛美沙星 1000 克＋阿莫西林 150 克，切断疾病从母猪到小猪（又称苗猪）的水平传播。

9. 防止母猪产后吃仔猪

母猪吃仔猪的原因很多，有口渴性吃仔猪、误食性吃仔猪等几种，因此应区别对待，采取相应的措施进行预防。

（1）口渴性吃仔猪：母猪临产前供水不足，加之分娩时脱水过多，产后口渴烦躁，便会出现吃仔猪现象。此时应立即将仔猪移开，给母猪饮足温盐水（含盐 0.2％～0.3％），并喂稀粥状流食。待母猪喝足吃饱后，再将仔猪送到母猪身边吃奶。

（2）误食性吃仔猪：母猪产后误食胎衣、羊水，容易诱发误食性吃仔猪。因此，接产人员要及时清除母猪产后排出的胎衣，千万不能让母猪吃掉。

（3）营养不良吃仔猪：母猪怀孕后期，饲料营养低劣，尤其是极度缺乏食盐、钙和维生素，也会出现母猪产后吃仔猪的现象。此时应立即供应母猪全价日粮，特别要注意蛋白质、矿物质和维生素的供给。

(4)遗传性吃仔猪:有的母猪产后哺乳正常,母子关系也亲密,但猪栏内隔几天就少一二头仔猪,到断奶时所剩无几,且每次产仔都出现这种情况。这是一种遗传性吃仔癖,其所产后代母猪产仔时也会出现这种恶癖,这种母猪应及时淘汰。

(四)哺乳期的饲养管理

母乳是仔猪出生 3 周内的主要营养来源,是仔猪生长的物质基础。养好泌乳母猪分泌充足的乳汁才能使仔猪多活快长,获得理想的断奶窝重。并保证母猪有良好体况,断奶后能及时配种受胎进入下一个繁殖周期。

1. 哺乳期饲喂

哺乳母猪日喂料量根据体重、带仔数及饲料条件决定。一般基础喂料量 2 千克,每带 1 头仔猪增加 0.5 千克,即每日饲喂料量(千克)=2+0.5×带仔数。

生产中根据实际情况具体掌握,通常产后 2～3 天内不应喂得过多(每日喂混合料 4～5 千克),饲粮要营养丰富,容易消化。一般在产后 10 小时至 3 天逐渐增加饲料量,在产后 5～7 天,可把饲料增加到正常量(每日喂混合料 5～5.5 千克)。由于产后母猪体力虚弱,过早加料可能引起消化不良,乳质变化,仔猪拉稀。产仔 1 周以后,母猪泌乳量逐渐增加,仔猪对奶量的需求也增大,需要较多的营养物质来满足泌乳的需要,因此应给予优饲。在仔猪开始吃料后,母猪的产奶量也逐渐减少,这时应看情况逐渐减料,使母猪在仔猪断奶时保持不肥、不瘦的体况。仔猪断奶前 3～5 天,要逐渐降低母猪的营养水平,以避免乳房膨胀发生乳房炎。

泌乳母猪最好日喂 4 次(6、10、16、20 时),这样母猪有饱腹感，夜间不站立拱食或寻食，减少压死、踩死仔猪，有利于母、仔猪安静休息。饲料应加1～2倍水调制成湿料或稀粥料喂饲，并保证母猪充足饮水，有条件时可喂豆腐浆汁，加喂一些南瓜、甜菜、胡萝卜等催乳饲料。夜间加喂1次稀食，能提高母猪的泌乳量。

泌乳期内母猪日粮构成要保持相对稳定，不要骤变饲料，不喂变质和有毒饲料。

2. 哺乳期管理

(1)母猪的泌乳规律：母猪乳房结构的特点是没有乳池不能随时挤出奶。当母猪分娩时机体分泌催产素，能使子宫收缩产出仔猪。同时使乳腺周围肌纤维收缩将乳排出，所以分娩时随时都能挤出奶。产仔以后通过仔猪用鼻拱乳头的神经刺激将乳排出。

①次数：母猪每天泌乳20～26次，每次间隔1小时左右，泌乳前期次数较多，随仔猪日龄增加泌乳次数减少。由于夜间安静泌乳次数较白天多，个体之间差异较大。

②哺乳时间：每次泌乳时间全程3～5分钟，实际放奶时间为10～40秒左右。

③产奶量：母猪泌乳全期产奶量大约300～400千克。每日泌乳5～9千克，每次泌乳量0.25～0.4千克。泌乳量在分娩后逐渐增加，产后3周达到高峰，以后随日龄增加泌乳量降低。

母猪胎次不同泌乳量不同。初产母猪泌乳量低，3～5胎泌乳量最高，以后逐渐降低。

(2)乳汁成分：母猪的乳汁分初乳和常乳。母猪产后3天内的乳汁是初乳，以后的乳汁是常乳。初乳对仔猪特别重要，必须使仔猪尽早吃到初乳，不吃初乳的仔猪容易患病。母猪在妊娠期不能将抗体转移给胎儿，仔猪只能通过吃奶获得免疫球蛋白。初乳中含有镁盐有轻泻作用，能促使仔猪排出胎粪和促进消化道蠕动，有利消化。初乳中脂肪、乳糖和灰分都低于常乳。

(3)影响泌乳量的因素：猪的泌乳量测定困难，一般习惯用仔猪30日龄窝重表示母猪泌乳量，泌乳量常受各种因素的影响。

①饲料：饲料的营养水平和饲料品质是影响泌乳量的主要因素。合成乳汁的各种营养物质都来自饲料，要想使母猪分泌充足的乳汁，除了考虑母猪维持需要外，还应根据仔猪的多少综合考虑母猪的营养需要。尤其要注意蛋白质饲料、能量饲料和青饲料的质和量。只有满足母猪营养需要泌乳性能才能充分发挥。

②采食量：产后母猪采食量是影响泌乳量的另一主要因素。饲料是各种营养素的载体，通过采食才能获得营养物质。采食量低获得营养物质不够，泌乳量就低。

③每窝仔猪数：在仔猪出生个体体重大致相同的情况下，每窝仔猪越多泌乳量越高。

(4)提高泌乳量的措施

①加强妊娠母猪后期的饲养：妊娠后期胎儿发育很快，母猪乳腺也同时发育，如果营养不够，不仅胎儿发育不好出生体重低，而且乳腺发育不好产后泌乳量低。因此，妊娠后期的营养水平不仅对仔猪出生体重而且对泌乳量、哺乳仔猪增重及断奶到配种间隔都有影响。

②营养：泌乳母猪饲料的营养水平应高于妊娠母猪。母

猪产后3周达到泌乳高峰，以后逐渐下降，猪乳中各种营养物质都要从饲料中获得，饲料中能量和蛋白质不足，母猪泌乳期失重增加，断奶时体质瘦弱使断奶到配种间隔增加。钙和磷不足可引起母猪瘫痪或跛行。饲料中维生素丰富能通过乳汁供给仔猪，促使仔猪健康发育，提高成活率。

③提高母猪采食量：从产后第5天起母猪恢复正常喂量，直到仔猪断奶都应给予充分饲养，母猪能吃多少饲料就喂多少，不限制采食量。母猪采食量越少，泌乳期失重越多，断奶至配种间隔越长。

④加强管理：少喂勤添，增加饲喂次数。母猪产后几天消化机能还未恢复，每次不要喂的过多。随泌乳量上升，母猪对营养的需要日渐增加，对泌乳母猪应增加饲喂次数，以每日喂3～4次为宜。

猪舍要保持温暖、干燥、卫生、空气新鲜，并尽量减少噪声等应激因素，安静的环境对母猪泌乳有利。

(5)母猪产后缺奶的解决方法：母猪产仔后有时出现无奶或奶水不足现象，影响仔猪的正常生长发育，甚至造成死亡，因此应查明原因，采取有效的补救措施。

①多喂刺激泌乳的青绿饲料：母猪在泌乳期间，除喂适口性好，含蛋白质、维生素和矿物质丰富的饲料外，还应喂些刺激泌乳的饲料，如糖用甜菜的块根及叶、生马铃薯、苦麻菜等都是良好的饲料。

②喂发酵饲料：用酵母发酵时，要适当增加淀粉饲料，使酵母繁殖多一些，而且具有酵香、甜味，可刺激猪的食欲，提高新陈代谢机能，起到催奶的作用。

③用小鱼、虾煮汤：在母猪泌乳初期，用小鱼、虾煮汤，拌

入饲料中喂服，可以显著增加泌乳量，喂后第 2 天就能表现出来。

④维生素催奶法：取维生素 E 500 毫克，1 次性喂给母猪，每天 2 次，连喂 3 天。

⑤黄豆催奶法：取鲜黄豆 500 克，加动物油 100 克，加水煮熟，每天 2 次，2 天内喂完。

⑥胎衣催奶法：母猪产子后，将胎衣煮熟、切碎，分 3～5 次投喂。

⑦中草药催乳：王不留行 60 克，天花粉 60 克，漏芦 40 克，僵蚕 30 克，猪蹄 4 只，加水煎汤，混入饲料分 2 次喂，2 次相隔 5 小时。

(6)母猪拒绝哺乳的原因及处理：有的母猪产仔后恐惧不安，拒绝仔猪吮乳，往往造成仔猪死亡。母猪拒绝哺乳的原因主要有以下几种。

①母猪无哺乳经验：如遇到这种母猪，应看守在母猪身旁，给予细心调教，当母猪躺下时，挠挠它的肚皮，看住小猪不让争夺奶头，使其保持安静情绪，只要小猪能吃上几次奶，问题就不大了。

②母猪环境改变：对新环境适应性不强的母猪，应当提前几天转移到新猪舍，以逐步适应新环境，避免发生拒哺现象。

③产后感染：因母猪产后感染疾病，体温升高而引起乳汁减少，这时对仔猪吮乳产生厌恶感。对产后发热的母猪，应用抗生素或磺胺类药物及时注射治疗，体温高时，要进行退热和输液，尽快使母猪康复。

④母猪患乳房炎：遇到这种情况，要仔细检查，发现母猪奶头有伤或患乳房炎，要及时治疗。

(7)母猪为仔猪断奶的准备:断奶前2～3天减少母猪喂料量,以减少泌乳量,迫使仔猪多吃料。

三、种公猪的饲养管理

配种利用是饲养种公猪的惟一目的,但是否能够适当利用种公猪,直接关系到母猪产仔数和种公猪本身的利用年限。

(一)非配种期的饲养管理

1. 饲喂

要使种公猪体质健壮,性欲旺盛,精液品质好,就要从各方面保证种公猪的营养需要。

种公猪的饲料应以精料为主,最好是全价配合饲料。若猪场中种公猪数量比较少,单独给种公猪配料比较麻烦,为了方便种公猪可以饲喂母猪饲料。在季节配种的猪场非配种期可喂妊娠母猪饲料,配种期可饲喂泌乳母猪饲料,常年均衡配种的猪场种公猪饲喂泌乳母猪饲料。平时可适当喂些胡萝卜或优质青饲料,但不宜过多。

为不使种公猪过肥,不宜采取自由采食的饲喂方式,应采取定时、定量的饲喂方法。最好饲喂湿拌料,供给充足饮水。每天喂3次,每次喂8～9分饱,若喂得太饱,会影响猪的食欲,甚至1周内都不容易恢复。一般90～100千克种公猪,每天喂2千克;100～150千克种公猪,每天喂2.5千克;150千克以上种公猪,每天喂3千克饲粮。切记不要给种公猪喂大量薯干、粉渣、粉浆,或劣质草粉和糠类,否则容易过肥或骨质疏松、肚大下垂,降低配种能力。

2. 日常管理

(1)为种公猪创造一个良好的生活环境

①公猪栏:公猪要单圈(栏)饲养,每间猪舍面积为6～7.5平方米,建筑在场内安静、向阳和远离母猪舍的地方,这样可以避免因母猪的声、味的刺激而造成精神不安和影响食欲减退等后果。

②适宜的温度:成年种公猪舍适宜的温度为18～20℃。冬季猪舍要防寒保温,以减少饲料的消耗和疾病的发生。夏季高温要防暑降温,因为公猪个体大,皮下脂肪较厚,加之汗腺不发达,高温对其影响特别严重,轻者食欲下降,性欲降低;重者精液品质下降,甚至会中暑死亡。当环境温度高于33℃时,公猪深部体温超过40℃(正常体温为39℃)时,就会导致睾丸温度升高,影响精子生成;在附睾中发育的精子就会受到伤害,精子活力降低,畸形精子数增加,活精子数明显减少。高温还会影响种公猪性兴奋和性欲,造成配种障碍或不配种。所以,夏季炎热时要每天冲洗公猪,必要时要采用机械通风、喷雾降温、地面洒水和遮阳等措施,并且配种工作应在早晨或晚上温度较低时进行。

③适宜的湿度:猪适宜的相对湿度为60%～75%。舍内湿度过高,特别是猪床过潮湿,对猪的生长速度影响很大,增重、饲料转化率和抵抗力等都会降低;舍内湿度过低,如空气中湿度增加,就会加剧猪体的寒冷感。因此,防止高湿尤为重要。

④良好的光照:猪舍光照标准化对猪体的健康和生产性能有着重要的影响。良好的光照条件,不仅促进公猪正常的生长发育,还可以提高繁殖力和抗病力,并能改善精液的品质。种公猪每天要有8～10小时,100～150勒的光照度。

⑤控制有害气体的浓度:如果猪舍内氨气、硫化氢的浓度

过大，且作用的时间较长，则会使公猪的体质变差，抵抗力降低，发病（支气管炎、结膜炎、肺水肿等）率和死亡率升高，同时采食量降低，性欲减退，造成配种障碍。一般情况下，氨气、硫化氢的浓度分别不应超过20毫克/立方米、10毫克/立方米。

（2）适当运动：运动能使公猪的四肢和全身肌肉得到锻炼，使种公猪体质健壮，精神活泼，增加食欲，提高性欲和精子活力。运动不足种公猪贪睡、肥胖，性欲降低，四肢软弱，影响配种效果。

在配种季节，应加强营养，适当减轻运动量。在非配种季节，可适当降低营养，增加运动量。种公猪过肥应适当增加运动。

（3）擦拭和修蹄：每天用刷子给种公猪全身擦拭1～2次，可促进血液循环，增加食欲，减少皮肤病和外寄生虫病。夏季每天给种公猪洗澡1～2次。经常给种公猪擦拭和洗澡，可使公猪性情温驯，活泼健壮，性欲旺盛。另外，还要注意护蹄和修蹄，蹄不正常影响种公猪配种。

（4）定期驱虫：对种公猪进行体内和体外驱虫工作，可按每33千克体重1毫升伊维菌素肌内注射，每年2次。

（5）精液品质检查：种公猪无论是本交还是人工授精，有条件的养殖场，一定要经常检查精液品质，检查精子的数量、密度、活力、颜色和气味等。在配种季节即使不采用人工授精，也应每隔10天检查1次。根据检查结果，分析种公猪承担的配种量是否合理，以便调整配种次数、营养和运动量，保证配种期的高受胎率。后备种公猪配种前要有半个月的试情训练，最少检查2次精液，精液不合格不能参加配种。

（6）性行为与调教：种公猪在性成熟后，就会出现性行为，主要表现在求偶与交配方面。求偶方面的表现是特有的动作,如拱、推、磨牙、口角有白沫、嗅等;特有的声音,如发出不连贯的、有节奏的、低柔的哼哼声;释放气味,如由包皮排出的外激素物质,具有刺鼻的气味,用以刺激母猪嗅觉。

交配是动物的一种本能行为,但也有一部分是需要经过训练的。青年公猪初次配种缺乏经验,交配行为不正确,如有的公猪配种时爬跨到母猪前部,对这种公猪应予以调教。可使初配公猪与发情盛期的经产母猪交配,容易成功;或将配种场地转移至公猪舍前,让青年公猪能够观摩到有经验公猪的正确配种行为。经过一段时间的调教后,交配行为会逐渐完善。

调教初期尽量使用处于发情盛期的小母猪来训练小公猪进行爬跨,调教应在固定、平坦的场地,早晚空腹进行,每次以10～15 分钟为宜。

(7)防止产生自淫恶癖:实际生产中,种公猪有时会产生一些异常性行为,如种公猪的自淫,交配时爬跨行为正常,但又爬下,然后就在地上射精。

种公猪形成自淫习惯后,体质瘦弱,性欲减退,严重时甚至不能继续配种,危害十分严重。防止种公猪发生自淫,关键在于杜绝不正常的性刺激,所以,在管理上,要求将种公猪舍建在远离母猪舍的上风方向,不让种公猪见到母猪、闻到母猪的气味和听到母猪的声音。种公猪应单圈(栏)饲养,防止种公猪配种后带有母猪气味,引起同圈(栏)种公猪爬跨。种公猪整天被关在圈(栏)内不活动,也容易发生自淫,所以,后备公猪和非配种期公猪应加大运动量。

(8)严格执行免疫程序:严格按照种公猪的免疫程序对种

公猪进行免疫接种，预防种公猪传染病发生，定期消毒，驱除种公猪体内外寄生虫，保证种公猪的健康。

（二）配种期的饲养管理

1. 饲喂

配种期除进行正常饲喂外，还应补饲适量的胡萝卜或优质青绿饲料，对配种繁忙的种公猪，每天除应加喂2～3枚煮熟的鸡蛋外，还要多喂些鱼粉、血粉、羊奶等动物性饲料，以提高其性欲和精液质量。

2. 日常管理

（1）种公猪的初配月龄和体重：小公猪长到一定年龄开始性成熟，由于品种、气候和饲养管理条件不同，性成熟的月龄也不同。一般是地方品种比培育品种性成熟早，南方品种比北方品种性成熟早，中国品种比外国品种性成熟早。

小公猪性成熟后，虽然能够配种并使母猪妊娠但不能使用。配种过早会影响小公猪的自身发育，缩短使用年限，而且受胎率降低，初生仔猪瘦弱，成活率低。小公猪长到一定年龄和体重后才能配种。小型早熟品种8～10月龄，体重60～70千克，大、中型品种10～12月龄，体重90～120千克开始配种。如果种公猪发育迟缓，达到一定月龄而达不到应有的体重时应当淘汰。初配过晚会使种公猪烦躁不安，影响食欲，不利于正常生长发育，甚至造成自淫等恶癖。

（2）合适的配种方式：配种方式是决定产仔数多少的重要环节，研究结果证明，2次配种比1次配种产仔数有所增多，但与3次以上的配种没有区别。常用的配种方式有单次配种、重复配种、双重配种，也可进行多次配种，但只要2次配种能顺利进行,就不提倡使用多次配种法。养殖户可根据条件和需要,选择适宜的方式,达到增加产仔的目的。为提高优秀种公猪的利用率,同时也为了降低养殖成本,应积极推广人工授精,但后备母猪尽量不用人工授精,以本交为好,公猪和母猪体格不能悬殊太大,要求公猪比母猪略大一些。

(3)配种强度要合理:本交时,1～2 岁的青年公猪高强度利用可每天配种 1～2 次,如 1 天配 2 次,最好早、晚各配 1 次,连配 2～3 天休息 1 天;中强度利用,每 2 天配种 1 次。2～5 岁的成年公猪,高强度利用时,每天可配种 2 次(间隔8～10 小时),连配 4～6 天休息 1 天;中强度利用每天配种 1 次,连配 2 天休息 1 天。5 岁以后的公猪,由于体质渐衰,可每隔 1～2 天配种 1 次。

人工授精时,青年公猪高强度利用可每 2 天采精 1 次,中强度利用可每 3 天采精 1 次。成年公猪高强度利用可每天采精 1 次,中强度利用可每 2 天采精 1 次。

(4)种公猪配种管理注意事项

①不能在种公猪圈(栏)内配种,以免留下配种气味和母猪的气味,使种公猪骚动不安,影响休息和健康。

②配种后不能让种公猪立刻趴卧在湿地上,以免引起感冒影响体质,也不能让种公猪马上回到圈(栏)内,防止带进母猪气味,也不能立即饮水采食,防止引起消化不良。

③配种后不要马上对种公猪施行擦拭、修蹄等管理措施,更不能进行淋浴,应让种公猪充分休息,不能在配种后马上让种公猪进行运动,更不能在运动后马上配种。

(5)种公猪性欲缺乏的原因及对策:在养猪生产中,经常会碰到种公猪无性欲或性欲缺乏的现象。种公猪性欲缺乏多表现为见到发情母猪不爬跨，性欲迟钝，厌配，拒配，阳痿不举或交配时间短，射精不足等。

①原因

Ⅰ．先天性生殖器官发育不全或畸形：如隐睾、睾丸或附睾不发育、急性或慢性疾病等引起生殖器官发育不良。

Ⅱ．饲养管理不善：如种公猪配种过度或长期无配种任务，运动不足，种公猪年老体衰，未达到体成熟或性成熟；交配或采精时阴茎受到严重损伤，或受惊吓刺激；公母混养。

Ⅲ．营养不良：种公猪长期营养不良，尤其是蛋白质、氨基酸、维生素（尤其是维生素 E 或维生素 A）或矿物质等缺乏或不足，导致种公猪过肥或过瘦以至腿软。

Ⅳ．疾病：种公猪感染病毒性（如蓝耳病、猪乙型脑炎病）或细菌性疾病（如布氏杆菌病）、体内外寄生虫病等都可造成种公猪无性欲或缺乏性欲。此外，生殖器官炎症，后躯或脊椎关节炎、肢蹄疾病等均可引起交配困难或交配失败。

Ⅴ．气候过冷、过热：可导致种公猪不射精或阴茎不能勃起。

②预防措施

Ⅰ．对先天性生殖器官发育不全、畸形或有其他损伤的，应视具体情况选留或淘汰。

Ⅱ．科学饲养管理，合理使用，正确调教和配种，保持环境安静，减少外界干扰。

Ⅲ．可视配种强度于每天给种公猪喂 2～3 枚煮熟的鸡蛋，但不要生喂，因生鸡蛋中含抗生物素物质，会降低生物素的效价。加喂青绿多汁饲料，或补充成品多种维生素、钙、磷。

Ⅳ．做好疾病防治工作，及时接种好疫苗及驱除体内外寄生虫,加强圈(栏)舍及环境消毒。

③治疗措施

Ⅰ. 查清病因,有针对性地进行治疗和预防。

Ⅱ. 对性欲缺乏的种猪可1次皮下或肌内注射甲基睾丸酮30~50毫克,或丙酸睾丸素0.3克/次,隔日1次,连用2~3次。

四、公、母猪的淘汰与更新

1. 种公猪的淘汰

(1)自然淘汰:自然淘汰通常指对老龄种公猪的淘汰,也包括由于生产计划变更、种群结构调整、选育种的需要,而对种公猪群中的某些个体(群体)进行针对性的淘汰。自然淘汰包括以下方面。

①衰老淘汰:生产中使用的种公猪,由于已经达到了相应的年龄或使用年限较长(3~4年),年老体衰,配种机能衰弱、生产性能低下,则应进行淘汰。

②计划淘汰:为了适应生产需要和种群结构的调整,对在群公猪进行数量调整、品种更新、品系选留、净化疫病等,则应对原有公猪群进行有计划、有目的的选留和淘汰。

(2)异常淘汰:是指由于生产中饲养管理不当、使用不合理、疾病发生或公猪本身未能预见的先天性生理缺陷等诸多因素造成的青壮年公猪在未被充分利用的情况下而被淘汰。公猪异常淘汰的原因,包括体况过肥、体况过瘦、精子活力差、性欲缺乏、繁殖疾病等。

①体况过肥:由于日粮营养水平过高或后备公猪前期限饲不当,可能造成公猪过肥、体重过大、爬跨笨拙或母猪经不

住公猪爬跨，造成配种困难或不能正常配种，此时应对公猪进行限制饲养和加强运动，降低膘情。若不能取得预期效果，应对种公猪进行淘汰。

②体况过瘦：由于前期日粮营养水平过低、限饲过度或疾病原因，造成种公猪参加配种时体况过瘦、体质较差、爬跨困难或不能完成整个配种过程，导致配种操作不利和配种效果较差，此时应对种公猪加强营养、减少配种频率或针对性治疗疾病，使其恢复配种理想体况。通过以上操作仍难以恢复的个体，则应进行淘汰。

③精子活力差：已入群的后备公猪或正在使用的种公猪在连续几次检查精液品质后，死精率、畸形率过高，且后裔同胞个体数较少，通过调整营养、加强管理和治疗后，仍不能得到改善的个体，应及时淘汰。

④性欲缺乏：由于种公猪过度使用或饲料中缺乏维生素A、维生素 E、矿物质等，引起性腺退化、性欲迟钝、厌配或拒配，这种种公猪应加强饲养管理，防止过度使用，并加强饲料中维生素和矿物质的营养，注意适当运动，一般可以调整过来。但对于不能恢复的个体，应该进行淘汰。

⑤繁殖疾病：某些疾病，如睾丸炎、附睾炎、肾炎、膀胱炎、布氏杆菌病、乙型脑炎等，引起的种公猪性机能衰退或丧失，以及由于其他疾病造成的种公猪体质较差，繁殖机能下降或丧失。不能治愈的繁殖疾病和患有繁殖传染病的种公猪，应立即进行淘汰。

⑥肢蹄病：种公猪由于运动、配种或其他原因（如裂蹄、关节炎等），可能造成肢蹄的损伤，尤其是后肢，损伤后没有得到及时治疗，造成种公猪不能爬跨或爬跨时不能支持本身重量，

站立不定,而失去配种能力,这种种公猪应及时进行治疗,在不能治愈或确认无治疗价值时应予以淘汰。

⑦恶癖:个别种公猪由于调教和训练不当,可能会在使用过程中形成恶癖,如自淫、咬斗母猪、攻击操作人员等。这种种公猪在使用正确手段不能改正其恶癖时,应及早淘汰,以免引起危害。

2. 母猪的淘汰

无论何时获得可用于更新的优秀后备母猪,就可淘汰原有低产母猪。

(1)种猪淘汰原则

①后备母猪超过8月龄以上不发情的,断奶母猪2个情期(42天)以上或2个月不发情的。

②母猪连续2次、累计3次妊娠期习惯性流产的。

③母猪配种后复发情连续2次以上的。

④青年母猪第一、第二胎活产仔猪窝均7头以下的。

⑤经产母猪累计3次产仔猪窝均7头以下的。

⑥经产母猪连续2次、累计3次哺乳仔猪成活率低于60%,以及泌乳能力差、咬仔、经常难产的母猪。

⑦经产母猪7胎次以上,且累计胎均活产仔数低于9头的。

⑧后备母猪超过10月龄以上不能使用的。

⑨后备猪有先天性生殖器官疾病的。

⑩发生普通病连续治疗2个疗程而不能康复的种猪。

⑪发生严重传染病的种猪。

⑫由于其他原因而失去使用价值的种猪。

种猪淘汰应严格遵守淘汰标准,现场控制与检定,每月分周有计划地均衡淘汰，最好是每批断奶猪检定1次，保持合理的母猪年龄及胎龄结构。

(2)种猪淘汰计划

①母猪年淘汰率25%～33%，种公猪年淘汰率40%～50%。

②后备猪使用前淘汰率：母猪淘汰率10%，种公猪淘汰率20%。

(3)后备猪引入计划

①老场：后备猪年引入数＝基础成年猪数×年淘汰率÷后备猪合格率。

②新场：后备猪引入数＝基础成年猪数÷后备猪合格率。或后备母猪引入数＝满负荷生产每周计划配种母猪数×20周。

第三节　90日龄出栏育肥猪的饲养管理

育肥猪90天出栏需采用直线育肥方式，其主要特点仔猪从断奶到出栏，不分小、中、大阶段，使其骨肉一起生长，直至出栏的一种科学饲养方法。

一、1～30日龄乳猪的管理

从出生到断奶阶段的仔猪称为乳猪，此阶段是猪一生中生长发育最迅速、代谢最旺盛、对营养物质最敏感的阶段，这一阶段培育效果的好坏直接影响生长育肥期日增重和出栏时间。因此，打好这一基础，对加速猪群周转，提高经济效益，起着十分重要的作用。

(一)1～30日龄乳猪的生理特点

1. 生长发育快,物质代谢旺盛

猪是多胎动物,仔猪出生时体重不到成年猪体重的1%,与其他家畜相比,所占比例最小。仔猪出生后生长发育特别快,30日龄时体重比初生体重增长5～6倍,60日龄体重比初生体重增长10～13倍。

仔猪生长快,是因为物质代谢旺盛,特别是蛋白质代谢和钙、磷代谢要比成年猪高得多。生后20日龄时,每千克体重沉积的蛋白质相当于成年猪的30～35倍,每千克体重所需代谢净能为成年猪的3倍。所以,仔猪对营养物质的需要,无论在数量和质量上都高,对营养不全的饲料反应特别敏感,因此,必须保证仔猪各种营养物质的供应。

2. 消化器官不发达,消化机能不健全

仔猪出生时消化器官的相对重量和容积都较小,均未发育完善,导致消化腺分泌及消化机能不健全。如初生仔猪胃内主要含凝乳酶,胃蛋白酶很少,分泌的胃酸中缺乏游离的盐酸,随着日龄的增长,盐酸分泌量增多,胃蛋白酶才具有消化能力,才可利用植物性蛋白质饲料。

由于仔猪消化器官和消化机能还不完善,所以它对饲料质量、形态、饲喂方法和次数等方面的要求与成年猪不同。

3. 缺乏先天免疫力,容易得病

由于母猪胎盘结构的特殊性,母猪和胎儿的血液循环被几个组织层隔开,限制了免疫抗体由母体转移给胎儿。母猪初乳内免疫球蛋白含量很高,仔猪从初乳中获得免疫抗体。仔猪出生后24小时内血液中的免疫球蛋白的含量,由初生时的1.3毫克增加到20.3毫克，而母猪血液中抗体24小时内明显减少，所以初乳是初生仔猪不可缺少的食物。

初乳中抗体的含量很快降低，而仔猪10日龄后才开始产生抗体，自身产生抗体的浓度增加得很慢，到5～6月龄时才达到成年猪水平。当母猪产后3～5周产奶量下降，仔猪采食量增加，仔猪体内免疫抗体浓度低就容易发病，在饲养管理上要特别注意。

4. 调节体温的机能不健全，对寒冷的适应能力差

初生仔猪，特别是出生后1周内，由于皮层较薄，被毛稀疏，皮下脂肪又少，限制了物理性调节温度的作用，再加上大脑发育不健全，不能协调体温的化学性调节。因此，仔猪调节体温的能力十分有限，往往不能维持正常的体温，对寒冷的环境适应能力差，容易被冻僵、冻死，故有“小猪怕冷”之说。加强对初生仔猪的保温工作，是养好仔猪的特殊护理要求。

(二)1～30日龄乳猪的饲养管理

1. 1日龄

(1)专人接产：实践表明，乳猪冻死、压死、饿死的占整个哺乳期死亡猪只的80%以上，死亡的根本原因是管理的疏忽和不当所造成的，因此加强出生后哺乳仔猪的饲养管理，提高饲养员的责任心，实行专人看护分娩(尤其在冬季的晚上，母猪分娩时要留专人值班)，是降低乳猪死亡率的重要措施之一。

(2)加强分娩看护，减少分娩死亡：母猪的分娩时间大部分可在5小时内完成，分娩时间越长，发生死亡率越高。因此，母猪分娩要保证猪舍安静，尽量避免惊扰，当仔猪出生间

隔时间在30分钟以上时就应仔细观察，并根据情况助产。当体弱、胎次高的母猪分娩发生困难时还应注射强心剂。抢救“假死仔猪”时，可进行人工呼吸或将“假死猪”浸泡在35～40℃温水中，头露出水面或用碘酊、酒精或氨水涂于仔猪鼻孔进行药物刺激；也可用肾上腺素皮下注射，每次0.5毫升。

仔猪产出后立即用干布或毛巾清除口鼻及全身的黏液，防止窒息及受寒。将脐带中血液推回体内，距腹部3～5厘米处用碘酒浸泡过的细线结扎并剪断，再以浓度为2.5％的碘酒消毒。

(3)注射疫苗：仔猪出生后，不让其吃奶，先注射1头份猪瘟单苗、1头份胃肠炎与轮状病毒二联活疫苗，隔2小时后，再让仔猪吃奶，叫超免。适用于常发猪瘟、比较难控制的猪场。

(4)吃足初乳，固定乳头：母猪产后头几天所分泌的乳汁叫做初乳，初乳中含有丰富的蛋白质、维生素和免疫抗体、镁盐等，具有轻泻作用，能促使胎粪的排除。初乳中的营养物质在小肠内几乎能全部吸收，如果初生仔猪吃不到初乳则很难成活，所以初乳的作用是常乳无法取代的。

初生仔猪开始吃乳时，常互相争夺乳头，强壮的仔猪往往占据前边奶水充足的乳头，并且有固定乳头吃奶的习性，一旦固定下来，直到断奶都不更换。为保证全窝仔猪都能均匀发育，可用人工固定乳头的办法，把初生重小、发育较差的仔猪固定在前边几对奶水多的乳头上，这样既可以减少弱小仔猪的死亡，使全窝仔猪发育匀称，又可以防止因仔猪争夺乳头而互相咬架或咬伤母猪乳头。如果仔猪少，乳头多，可让仔猪吮食2个乳头的乳汁，既有利于仔猪发育，又不留空乳头，利于乳腺的发育。如果仔猪多，乳头少，可采取找“保姆”的办法，把多出的仔猪寄养出去。

①寄养与关窝：在多头母猪同期产仔时，遇到高产母猪所产仔猪超过母猪奶头数或母猪缺奶、死亡等情况，采取仔猪寄养，是提高仔猪成活率的有效措施。如果 2 头母猪同时产仔而且都产的少，可把 2 窝仔猪合并为一窝，让奶好的母猪哺育，另一头母猪可提早发情配种。

Ⅰ. 寄养方法

• 个别寄养：母猪乳量不足，胎产过多，发育不均，可挑选体强的仔猪寄养于其他母猪。

• 全窝寄养：母猪缺乳，母性差，体弱有病或有恶癖，亦或母猪需频密繁殖，可将全窝仔猪寄养。

• 并窝寄养：当 2 窝产期相近且仔猪都发育不均时，将仔猪按体质强弱和体形大小调整为 2 组，由乳汁多而质量高、母性好的母猪哺育较弱的一组仔猪，另一组母猪哺育较强一组。

• 2 次寄养：将泌乳量高、母性强的母猪哺乳的、发育良好的仔猪，到一定时期让其他母猪哺育或断奶，再哺乳其他发育弱的仔猪。

Ⅱ. 寄养时的注意事项及措施

• 被寄养仔猪的日龄应与养母的仔猪一致或相近，一般不超过 3～5 天。后产的仔猪向先产的窝里寄养时，要挑选猪群里体大的寄养，先产的仔猪向后产的窝里寄养时，则要挑体重小的寄养；同期产的仔猪寄养时，则要挑体形大和体质强的寄养，以避免仔猪体重相差较大，影响体重小的仔猪生长发育。

• 寄养母猪必须是泌乳量高、性情温顺、体形略大、母性好、抗病力强、采食量大、哺育性能强的母猪，只有这样的母猪才能哺育出好的仔猪。

• 被寄养的仔猪一定要吃初乳。仔猪吃到充足的初乳才容易成活,如因特殊原因仔猪没吃到生母的初乳时,可吃养母的初乳。

• 为了寄养顺利,可将被寄养的仔猪涂抹上寄养母猪的奶或尿,也可混群几小时后同时放到寄养母猪身边,也可用酒精棉擦拭寄养母猪的鼻孔周围,使之辨识不出寄养的仔猪。

• 寄养前仔细检查仔猪和寄养母猪,防止传染病带入,并注意观察哺乳情况。当寄养母猪放奶时,仔猪不但不靠近吃奶,反而向相反的方向跑,想冲出栏圈(栏)回到生母处吃奶,遇到这种情况可利用饥饿或实行人工强制哺乳。

• 仔猪寄养时,操作人员一定不要带进异味,尽可能地减少应激因素,做到“静、轻、快、准”。

②人工哺乳:如果母猪产后没有寄养的条件,可考虑人工哺育。为了保证仔猪摄入足量的初乳,可在母猪分娩的时候收集初乳,装在奶瓶里喂给弱小仔猪。初乳收集可在母猪产出1~2头仔猪后进行,收集到广口容器里。收集过程中大部分乳头都应挤到。

如果当日初乳没有用完,可放在冰箱里冷冻保存,待需要用时加热至体温后饲喂。饲喂时通常用奶瓶喂饲即可,每头弱小仔猪每2小时需要喂20~30毫升初乳,直到其恢复活动能力为止。但如果仔猪尚未形成正常的吞咽反射,就要采用胃管进行饲喂,或腹腔内注射20%葡萄糖溶液10毫升。

如果没有母猪初乳,也可以用初乳替代品或奶牛初乳进行饲喂,实践证明牛初乳和人工初乳的效果非常好。

也可以用容易消化、营养与母乳相似的原料配制成代乳品(配方见本书第四章),将代乳品装入容器内,安上假乳头,引诱仔猪哺乳,或装入特制的容器内,诱其饮用。第一天,每头仔猪每次喂20～30毫升,每2小时饲喂1次,即每日饲喂8～10次。

(5)温、湿度控制:将处置好的仔猪放入护仔箱中,保温箱温度控制在30～32℃,舍内温度控制在26～28℃,相对湿度控制在50%～70%。

(6)打耳号:新生仔猪要在24小时内称重、打耳号、断尾。打耳号时,尽量避开血管处,缺口处要5%碘酊消毒;断尾时,尾根部留下2厘米处剪断、5%碘酊消毒。

2. 2～7日龄

(1)温、湿度控制:2～3日龄保温箱温度控制同1日龄。第4日龄开始保温箱温度降为30～28℃,舍内温度控制在24～26℃,相对湿度控制在50%～70%。

(2)人工补乳:2～4日龄量、次同第一天。第五天开始每4小时1次,即每日饲喂6～8次,每次80～100毫升。

(3)补铁、硒:仔猪初生后第二天注射血康或富来血、牲血素等铁剂1毫升,预防贫血;口服抗生素如兽友一针、庆大霉素2毫升,以预防下痢。第1次注射亚硒酸钠维生素E 0.5毫升,以预防白肌病,同时也能提高仔猪对疾病的抵抗力。

(4)诱食:乳猪生后5～7天开始长牙,特别喜欢拱啃东西,这时要开始训练诱食乳猪吃料。开始仔猪并不认真吃,只是咬到嘴里磨牙,可以在补料间或补料栏地面上放些香甜的饲料,如炒熟的高粱、玉米、黄豆、大麦或水泡的豌豆和玉米粒等,引诱仔猪自由拱食补料间或栏内要清洁卫生,光照充足,温度适宜,内设长、高适宜的料槽和水槽;补料间或补料栏要靠近母猪食槽,出入口多,母猪进不去。也可在饲料中加入甜味剂或香味剂(诱食剂)效果更好。开始诱食时勤添、少添,晚间要补添1次料。每天补料次数为4～5次,平均每头每天4克。在给乳猪开食的同时,一定要注意饲喂少量温水(开水晾凉),水中加入抗生素(环丙沙星、庆大霉素、制菌磺等)。

(5)防止腹泻:仔猪腹泻是影响仔猪成活和生长的主要因素。造成仔猪腹泻的原因主要是环境变化引起的应激、病菌的侵袭和饲料。仔猪腹泻多发生在出生～7日龄,7日龄前的腹泻一般全窝发生,死亡率高,损失很大。发病后应立即治疗,但更重要的是采取预防措施。

防治仔猪腹泻可使用抗生素类药物,常用土霉素、金霉素、杆菌肽锌、硫酸粘杆菌素、泰乐菌素和北里霉素,合成抑菌药物有呋喃唑酮(痢特灵)、磺胺类药物和喹乙醇等。

(6)注射疫苗:7日龄肌内注射蓝耳病蜂胶灭活疫苗1毫升、猪链球菌蜂胶疫苗1毫升。

(7)卫生:食槽和补料间要每天清扫1次。

3. 8～14日龄

(1)温、湿度控制:保温箱温度控制在26～24℃,舍内温度控制在24～26℃,相对湿度控制在50%～70%。

(2)饲喂:8日龄开始人工补乳的乳猪每8小时喂1次,即每日3次,每次100～150毫升,直到14日龄,以后可完全用固体饲料来替代人工乳。不需要人工补乳的乳猪,每天继续补料4～5次,每头每天平均14克。

(3)补硒:8日龄第2次注射0.1%亚硒酸钠维生素E,每头0.5毫升。

(4)注射疫苗:14日龄肌内注射水肿病+仔猪副伤寒(2

毫升)二联蜂胶灭活疫苗。

(5)卫生:食槽和圈(栏)舍每天清扫1次。

4. 15～21日龄

(1)温、湿度控制:保温箱温度控制在25～22℃,舍内温度控制在22～24℃,相对湿度控制在50%～70%。

(2)饲喂:15日龄开始人工补乳的乳猪不再补喂人工乳,同其他乳猪一样完全用固体饲料来替代,每天补料4～5次,每头每天平均补料20克。仔猪渡过泌乳高峰后,营养来源主要以饲料为主,因此要做好仔猪固体饲料的饲喂工作,提高乳猪的断奶体重。据资料统计,仔猪断奶体重严重影响育成猪及肥育猪的生长发育,实践证明仔猪断奶体重相差1千克,出栏时间将相差7～10天,因此最大限度提高仔猪断奶体重是哺乳仔猪管理的重点。

(3)注射疫苗:20日龄对未猪瘟超免的猪,注射猪瘟、猪丹毒二联苗(或加猪肺疫的三联苗)。

(4)防止下痢:由母乳及饲料引起的白痢多发于夏、秋季,母猪产后15～21天乳量高,仔猪吃后不易消化,易引起肠炎,常发生下痢。另外乳猪吃乳过饱及舐吃大猪食槽中剩余的酸败饲料,舍内阴冷潮湿,母猪患病及仔猪患寄生虫病皆可引发下痢,粪便呈灰白色、腥臭,有时见有黄白色、黄绿色。因此,从乳猪15日龄开始要给母猪多喂给青绿多汁饲料及易消化饲料,使日粮呈碱性。降低母猪饲料量,减少仔猪吃乳次数,注意保温。

(5)注射疫苗:20日龄肌内注射猪瘟+丹毒+肺疫三联苗(4倍量)+气喘病(1毫升)蜂胶灭活疫苗。

(6)卫生:食槽和圈(栏)舍每天清扫1次。

5. 22～30日龄

(1)温、湿度控制:保温箱温度控制在24～20℃,舍内温度控制在20～22℃,相对湿度控制在50%～70%。

(2)饲喂:从第22天开始每天补料5～6次,每头每天平均20～45克。饲喂时为了防止应激及细菌感染,可在每吨饲料中添加100～125克强力霉素或氟苯尼考,或每吨饲料用500克替米先锋伴料,连用5～7天。另外,小猪注射排疫肽,可增强免疫力。

(3)卫生:食槽和圈(栏)舍每天清扫1次。

(4)注射疫苗:26日龄肌内注射猪链球菌蜂胶疫苗(2毫升),水肿病+仔猪副伤寒(2毫升)蜂胶疫苗。

(5)育肥舍准备

①消毒:提前1周将育肥舍清洗消毒,检查饲槽、饮水器(或水槽)是否符合要求。

②温度调整:刚断奶仔猪对低温非常敏感。一般体重越小,要求的断奶环境温度越高,并且越要稳定。据报道,断奶后第一周,日温差若超过2℃,仔猪就会发生腹泻和生长不良的现象。因此,转入猪群前要将消毒好的育肥舍的温、湿度调整好(冬、春季节要在塑料暖舍或封闭式猪舍内育肥)。

适宜环境温度为20～22℃。环境温度过低,猪体需要消耗更多能量用于产热,以维持其体温,使日增重降低,采食量增多,从而使饲料利用率下降。实践证明,当温度降到10℃和5℃时,猪的采食量分别增加10%和20%,而日增重则下降;当育肥猪处于下限临界温度以下时,每下降1℃,日增重减少11～20克,日耗料增加25～35克。在寒冷环境下,猪的呼吸道、消化道的抗病力降低,常发生气管炎、支气管炎、胃肠炎等。因此，在寒冷季节要做好猪的防寒保暖工作，如关好门窗以防止寒风侵袭、保持圈（栏）舍干燥、圈（栏）内铺以干燥垫草等。

环境温度过高，猪为了散发体热而呼吸频率加快，新陈代谢受到影响，食欲减退，采食量明显下降，导致生产力降低。若环境温度升高至 25℃和 30℃，则采食量分别减少 10%和 35%。据报道，在 28～35℃的高温环境下，15～30 千克、30～60 千克和 66～90 千克育肥猪的日增重比预期日增重分别降低 6.8%、20%和 28%；当猪处于上限临界温度以上时，每升高 1℃，日增重减少约 30 克，日耗料减少 60～70 克。因此，夏季要防止猪舍暴晒，保持通风，勤冲洗圈（栏）舍和给猪淋浴，多喂凉水和青绿多汁饲料，尽力做好防暑、降温工作。

③湿度调整：在温度适宜的情况下，猪对湿度的适应力很强，当相对湿度从 45%升到 70%或 95%时，对猪的采食量和增重速度影响不大。但是，在低温高湿度时，可使育肥猪日增重减少 36%，每千克增重耗料增加 10%；在高温高湿度时，猪的增重更慢，还可能大大提高猪的死亡率。因此，猪舍内相对湿度以 50%～60%为宜。

④光照：光照对育肥猪影响不大，因此育肥猪舍的光照只要不影响操作和猪的采食就可以了，使猪处于弱光环境下静卧或睡眠。

准备工作做好后就可以稳定接育肥猪群。

（6）断乳前防应激：早期断奶是指仔猪 30 天即断奶，因此，在 27 日龄连喂 3 天开食补盐以防应激。

（7）断奶：仔猪 30 日龄时，母猪已过了泌乳高峰期，仔猪从母乳中已获得了一定的营养物质，自身免疫能力亦逐步增强。由于早期补料，仔猪已能采食饲料，仔猪对外界环境变化的适应能力增强，这时断奶仔猪完全可以独立生活。

现代养猪采取全进全出的方式，仔猪一次性断奶，母猪转入怀孕猪舍准备配种，除选留的后备猪外其余猪全部转入育肥舍。

二、31～90 日龄的管理

断奶是仔猪出生后的第二次应激。仔猪断奶后完全依赖固体饲料，但是消化饲料的酶谱还没有健全，这是很大的营养应激。此外，还有环境变化和心理方面的应激，这些综合因素容易造成仔猪生长停滞或下痢，因此，这时的平稳过渡是饲养断奶仔猪的关键。

（一）31～90 日龄仔猪的生理特点

1. 抗寒能力差

仔猪一旦离开温暖的产房和母猪的怀抱，要有一个适应过程，尤其对温度较为敏感，如果长期生活在 18℃以下的环境中，不仅影响其生长发育，还能诱发多种疾病。

2. 生长发育快

此阶段猪的机体各组织、器官的生长发育功能不很完善，尤其是刚刚 20 千克体重的猪，其消化系统的功能较弱，消化液中某些有效成分不能满足猪的需要，影响了营养物质的吸收和利用，并且此时猪只的胃容积较小，神经系统和机体对外界环境的抵抗力也正处于逐步完善阶段。

3. 对疾病的易感性高

由于断奶而失去了母源抗体的保护，而自身的主动免疫能力又未建立或不健全，对传染性胃肠炎、萎缩性鼻炎等疾病都十分易感，某些垂直感染的传染病，如猪瘟、猪伪狂犬病等，在这时期也可能暴发。

(二)31～90日龄仔猪的饲养管理

断奶仔猪的主要生理特点是消化系统由发育不完全向正常过渡，随着神经系统的逐步发育，其对环境的适应能力逐步加强。这一阶段的饲养管理要点采取各种方法以减少仔猪的转群应激，从饲料过度、猪群管理、环境控制及疫苗接种等方面入手提高本阶段猪群的生产性能及其经济效益。

1. 31～38日龄

(1)转入猪群：转群时，装车、卸车要轻拿轻放，不准粗暴往车上或栏内乱扔猪只。

为了提高仔猪的均匀整齐度，保证“全进全出”工艺流程的顺利运作，从仔猪转入开始根据其品种、公母、体质等进行合理分栏，每栏以饲养10～15头为宜(最大不宜超过20头)，每头仔猪占猪栏面积保持在0.8～1平方米。组群后要相对固定，因为每一次重新组群后，大约需1周的时间，才能建立起比较安定的新群居秩序，在最初的2～3日，往往会发生频繁的个体间争斗。所以，猪群每重组1次，猪只1周内很少增重，确实需要进行调群时，要按照“留弱不留强”(即把处于不利争斗地位或较弱小的猪留在原圈(栏)，把较强的并进去)，“拆多不拆少”(即把较少的猪留在原圈(栏)，把较多的猪并进去)，“夜并昼不并”(即要把2群猪合并为1群时，在夜间并群)的原则进行，并加强调群后2～3天内的管理，尽量减少发生争斗。对于个别病弱猪只要单设一栏。

转群时注意以下事项。

①猪群固定:断奶以后原窝仔猪组群尽量不要拆散。

②人员固定:原来喂养泌乳母猪的饲养员继续喂养断奶仔猪,使饲喂习惯不变。

(2)饲喂:断奶直接导致仔猪采食量下降,采食量达到正常并进入旺食阶段大约需要7~10天,因此,转舍后的前3~5天仍然按哺乳期的饲喂方法和次数进行饲喂,但不能喂得过饱,一般喂八成饱,吃多了容易造成消化不良,腹泻,5天后每天饲喂4次,第一次饲喂时间以早晨6:30为宜,以后每隔4小时饲喂1次,第四次一般以晚上9:30饲喂为宜(正常每头每天采食500克)。

要养好早期断奶仔猪,应供给仔猪高消化率、高吸收率的饲料,这是仔猪不腹泻、快速生长的秘诀。饲料中不要添加抗生素,而需要添加些酶制剂、半发酵的粉状饲料。半液质状的饲料更接近母乳的状态,可以克服早期断奶仔猪尚未能区别采饲和饮水的许多问题,可满足仔猪对营养和水分的需要。半流质状饲喂仔猪,其采食量多,增重快。

每天清理1次料箱,以防积压变质。肉猪拱出去的饲料,要及时回收,严禁浪费。

(3)卫生定位:从仔猪转入之日起就要进行在固定地点吃、拉、睡的调教工作。

调教就是根据猪的生物学特性和行为学特点进行引导与训练,使猪只养成在固定地点排泄、躺卧、进食的习惯,这样既有利于其自身的生长发育和健康,也便于进行日常的管理工作。猪一般多在低洼处、潮湿处、墙角等处排泄,排泄时间多在喂饲前或是在睡觉刚起来时。因此,在调群转入新圈(栏)舍以前,事先把圈(栏)舍打扫干净,特别是猪床处,并在指定的排泄区堆放少量的粪便或泼点水，然后再把猪转入，可使猪养成定点排便的习惯。如果仍有个别猪只不按指定地点排泄，应将其粪便铲到指定地点并守候看管，经过三五天的看管猪只就会养成采食、卧睡、排泄三点定位的习惯。

猪圈（栏）建筑结构合理时，这种调教工作比较容易进行，如将猪床设在暗处，铺筑得高一些，距离粪尿沟或饮水处远一些，以保持洁净干燥，而把排泄区设在明亮处，使其低一些。调教猪，关键要抓得早（在猪入栏时立即抓紧调教）、抓得勤（勤守、勤赶、勤教）才能奏效。

（4）驱虫：常规饲养3～5天后，进行第一次驱除体内寄生虫，体内驱虫可按每3千克活猪体重口服1片盐酸左旋咪唑混入少量的较好饲料在晚上投喂，或按每千克体重注射磷酸左旋咪唑注射液5毫克。经试验，晚上驱虫比白天效果好。

体外寄生虫（疥螨、虱子等）可选用消灭清、百虫灵1.5%敌百虫溶液等外涂或喷洒。

（5）洗胃：驱虫后的第三天，用小苏打15克（小猪适当减少），于早餐拌入饲料内喂服。

（6）健胃：驱虫后的第五天，用大黄苏打片，每10千克体重喂2片，研碎后分3顿拌入饲料内喂服，以增强胃的蠕动，消除驱虫药和洗胃药可能引起的副作用。

（7）预防接种

①32日龄肌内注射萎缩性鼻炎疫苗（2毫升）、蓝耳病蜂胶灭活疫苗（2毫升）。

②38日龄肌内注射胃肠炎与轮状病毒二联活疫苗，气喘病（1毫升）蜂胶灭活疫苗。

（8）卫生：搞好圈（栏）舍卫生，保持猪栏干净、干燥，日清扫2次，每周消毒1次。

2. 39～45日龄

(1)温、湿度控制：温度控制在16～20℃，冬季不得低于15℃，夏季不得高于30℃。气温低要取暖保温，气温高要加强通风、喷水降温。湿度控制在50%～60%。

(2)饲喂：每天饲喂4次，每天每头饲喂配合饲料2.4千克。每天上午和下午都要检查采食槽中饲料的情况，如饲料不漏或漏出过多都要及时处理。

(3)弱光光照。

(4)通风：由于舍内的猪只多、密度高，在寒冷季节往往可产生大量有害气体(氨气、二氧化碳等)，因此在保温的同时要搞好通风，排除有害气体，为猪只提供较为舒适的生长生活环境。

(5)搞好卫生：每天要彻底清扫、清除1次粪尿。

3. 46～70日龄

(1)温、湿度控制：温度控制在16～20℃，冬季不得低于15℃，夏季不得高于30℃。气温低要取暖保温，气温高要加强通风、喷水降温。湿度控制在50%～60%。

(2)饲喂：每天饲喂4次，每天每头饲喂配合饲料3千克。

(3)弱光光照。

(4)注射疫苗

①60日龄，必须注射猪瘟疫苗，细胞苗4头份/头，组织苗2头份/头。

②35日龄注射副伤寒疫苗的，65日龄第二次注射副伤寒疫苗。

③70 日龄时，最好注射丹毒、肺疫二联疫苗，以防止肺疫和丹毒的发生。

(5)搞好卫生：每天要彻底清扫、清除 1 次粪尿。

4. 71～86 日龄

(1)温度：适宜环境温度为 16～20℃。在此范围内，猪的增重最快，饲料转化率最高。

(2)饲喂：每天饲喂 4 次，每天每头饲喂配合饲料 3.4 千克，青饲料不限量。

每天上午和下午都要检查采食槽中饲料的情况，如饲料不漏或漏出过多都要及时处理，饲料如有浪费，或被猪拱出，或加料撒出要及时回收，杜绝人为浪费。

喂全天供给饮水，并保证饮水清洁。

(3)加喂催肥剂：催肥的 20 天内，每天给猪添喂催肥剂。

方法一：咸鱼、骨粉、豆饼、黄豆各 3 千克，猪油、砂糖各 1 千克，玉米 7.5 千克，陈皮、麦芽各 25 克，神曲 10 克，先将黄豆炒熟，连同咸鱼、玉米等料混匀后，分为 20 份，每头猪每日喂 1 份，分 3 次添入日粮中，连喂 20 天，便可出栏。

方法二：在每吨饲料中加入 1～3 千克的赖氨酸喂猪，可使猪的日增重提高 15％～25％，相对减少饲料消耗 15％～20％。

方法三：体重 25 千克以下的育肥猪每天每头喂蚯蚓粉 10 克，25 千克以上的肉猪喂 25 克，50 千克以上的肉猪喂 50 克。

(4)弱光光照，只要不影响操作和猪的采食就可以了，使猪处于弱光环境下静卧或睡眠。

(5)搞好卫生：每天要彻底清扫、清除 1 次粪尿。

(6)细心观察：发现猪有异常现象要及时报于兽医，有病做到早发现早治疗。

5. 87～89 日龄

(1)出栏前的准备工作：根据国家规定，猪肉是需经定点屠宰才允许上市的，因此，育肥猪出栏就涉及活体运输。在运输过程中，要做好运输前的准备工作、运输途中的管理工作，尽量减少运输中的损失。

①育肥猪出栏前，须提前与育肥猪收购单位或屠宰单位取得联系，谈好价格并签订合同或协议，以便运到目的地后，做到随到随收，缩短收购时间，减少损失。

②与收购单位约定好以后，在饲喂过程要在饲料中添加多种氨基酸、维生素类、电解质或抗应激药物(至少添加 1 天)，来防止运输应激引起的机体免疫器官、免疫细胞蛋白质分解。育肥猪运输前 2 天不能停料停水，运输前的最后一餐要求不能喂得过饱(7～8 成饱)，如喂得过饱，猪在运输途中由于颠簸而相互挤压，导致胃、肠等内脏器官损伤出血而容易造成死亡。

③对一些瘦弱、病残猪剔出，以免运输途中死亡。

④待运的育肥猪，要在产地向当地动物检疫人员报检，提前做好检疫工作。

⑤了解运输线路沿线天气、疫情状况，做好路线调整，做好防寒保暖、防暑降温等准备工作。

(2)检查运输工具

①选择驾驶经验丰富、车况好的车辆运输，这样才能保证育肥猪快速安全到达目的地，缩短运输时间，减少育肥猪由于长途疲劳和应激反应而造成自身损耗过大。

②装车前必须先认真检查好运输车辆，如车厢底板不平

有突出的铁钉，四周的护栏是否稳妥等。

③除司机本人要带好各种必须证件外，押运员也必须带好营业执照、税务证、卫生合格证、检疫证、育肥猪运输单，以防漏带某一证件，而被检查站阻止通行，延长运输时间。

④根据季节，配备各种用具，如汽车配备顶篷，冬季车厢外侧配备遮挡物，在夏季，配备水桶等。

⑤对运输车辆先用清水冲洗车厢底板，四周护栏及车轮，自然干燥后，再用1%～2%的火碱溶液（或用0.05%～0.50%过氧乙酸喷洒）喷雾消毒，最后用清水冲洗干净即可装猪。

6. 90日龄

(1)装车

①装车前车厢底层最好垫一层已消毒的稻草或锯末屑，以防止猪只打滑，造成残肢或跛行。

②装车时，将待运猪群先集中到待运圈（栏）内，打开栏门，有人在装猪台的坡道上散料诱导，并从圈（栏）内加以驱赶，这样可以安全顺利地装车。

③现在专门运输育肥猪的车辆，有双层和三层等，每一层都有隔栏，隔成几小栏，每小栏能装4～6头猪，这样既能避免拥挤又便于计数。装猪时体重稍大的猪只装在靠近车头的小栏，稍小点的猪只依次装在中间和车尾的栏中。

④装完车后，要仔细检查车尾间及两侧护栏是否稳妥，以防途中出现意外。

⑤运输育肥猪超过24小时才能到目的地，要携带适量易消化饲料，最好能够保证每天饮水2次，在饮水中添加适量的电解多种维生素、葡萄糖或补液盐。

(2)运输途中的管理

①开始起运时,应控制车速慢行,待猪适应后,再以正常速度行驶,行驶过程中,要保持车辆平稳,车速适中,避免剧烈颠簸、急加速、急刹、急转等可能引起育肥猪惊慌、乱撞和互相挤压的现象。

②运输途中,尤其在运输途中前2小时押运员要勤下车查看,把堆压的猪及时赶开,以免窒息而死。

③夏季运输,若途中发现猪只吐白沫,呼吸急促,鼻镜发白,这是中暑的先兆,押运人员要立即取水浇湿车底板及猪体(注意不要用冷水直接冲洗猪头部),以加快散热。

④寒冷的冬天,若发现猪只嘶叫或拥挤在一起,说明车厢或护栏两侧有风侵入,押运人员要立即查出、封严。

⑤如果发现有中暑死亡或压死的猪,应立即拖出来,放血,开膛,取出内脏弃去,用树枝将肚皮撑开,放于通风处,防止猪肉变质,到达目的地后再做处理。

(3)到达目的地后的工作:夏季到达目的地后要立即卸车,冬季到达目的地后不要急于卸车,让猪在车厢里休息大约20分钟后再卸车,以缓解猪腿的一时性麻痹。

入场前,首先要将随车携带的有关检疫证明交当地动物卫生监督部门查验,查验合格后,对运输车辆车体进行消毒,方可卸车。

卸猪不得强拉硬推,以免造成外伤事故。卸猪完毕后,要将车辆里的粪便污物卸在指定的粪便处理池内,并将所有接触过猪的设备进行清洗消毒。

三、出栏后的消毒

每批猪出栏后，要对猪舍进行彻底消毒后，7天后方可再进入下一批猪。

1. 清扫

育肥猪出栏后，及时进行彻底清理，拆除一切没必要存在的及有可能对猪只造成伤害的物品，用辅助工具如铲子、刮刀等去除留在墙壁、料槽、地板上的顽固粪便、垫料、剩余饲料和其他异物，清扫干净房顶上的蛛网、浮灰等，并将它们运出猪舍堆积发酵，进行无害化处理。根据试验，采用清扫方法，可使舍内的细菌数减少20%左右。

2. 清洗

用高压水龙头彻底冲洗，包括料箱、顶棚、墙壁、门窗、天棚、地面及各种用具，冲洗做到物见本色。猪舍消毒的好坏与冲洗干净程度有很大关系，因此冲洗一定要彻底。根据试验，在清扫的基础上再进行冲洗，舍内病原菌数即可减少50%以上。

3. 维修

(1)设施维修：观察猪舍的门窗、地面、漏缝地板、粪尿沟、饮水器、饲槽、猪栏、通风设施、取暖设施等有无损坏，发现损坏应马上做好维修工作。

(2)清洁供水系统：将供水系统中剩余水排空，尽可能清除水箱、水管内的所有污物。用消毒剂浸泡，浸泡时间不得低于20分钟，浸泡后排除废水用清水冲洗干净，备用。

4. 消毒

(1)药物喷洒消毒:在彻底冲洗干燥后,进行药物消毒,猪舍内的细菌数可减少90%以上,因此,药物消毒是杀灭舍内病原体的关键措施。消毒时,先喷洒地面,然后喷洒墙壁,先由离门远处开始,喷完墙壁后再喷顶棚。喷洒消毒药时各个角落一定要喷到,使消毒药液作用于所有消毒物体的全部表面。1天后,用清水刷洗饲槽,除去消毒药味。此外,在进行畜舍消毒时也应将畜舍周围及场院其他地方同时进行消毒。

(2)熏蒸消毒:封闭式猪舍要进行烟熏或熏蒸消毒,即将猪舍门窗关闭,用二氯异氰脲酸钠或三氯异氰脲酸粉烟熏剂进行烟熏消毒,按每立方米3～5克,把药放在猪舍中间,不撤包直接点燃,密闭门窗8～12小时后,打开门窗,进行适当通风换气,即可投入使用。也可用甲醛(每立方米用甲醛28毫升、高锰酸钾14克,在室温15～18℃,相对湿度70%时,熏蒸8～12小时。然后打开门窗,排出甲醛气体,消毒后密闭猪舍5～7天,开封后立即使用)、过氧乙酸、菌毒敌等。

消毒完毕后,栏舍地面必须干燥3～5天,整个消毒过程不少于7天。然后,组织转入新的猪群,进入下一生产周期。这样才能保证消毒效果。

第四节　后备猪的饲养管理

后备猪即青年猪,是猪场的后备力量。及时选留高质量的后备猪,能保持种猪群较高的生产性能。根据种猪生长发育的特点做好后备猪的选择工作,适时掌握配种月龄,并制订后备猪的免疫程序。

从仔猪育成阶段到初次配种前，是后备猪的培育阶段。培育后备猪的任务是获得体格健壮、发育良好、具有品种典型特征和种用价值高的种猪。

后备猪与商品猪不同，商品猪生长期短，饲喂方式为自由采食，体重达到90～105千克即可屠宰上市，追求的是高速生长和发达的肌肉组织，而后备猪是作为种用的，不仅生存期长(3～5年)，而且还担负着周期性强和较重的繁殖任务。因此，应根据种猪的生活规律，在其生长发育的不同阶段控制饲料类型、营养水平和饲喂量，使其生殖器官能够正常地生长发育。这样，可以使后备猪发育良好，体格健壮，形成发达且机能完善的消化系统、血液循环系统和生殖器官，以及结实的骨骼、适度的肌肉和脂肪组织。过高的日增重、过度发达的肌肉和大量的脂肪沉积都会影响后备猪的繁殖性能。

一、后备猪的选留

1. 自繁自养后备猪的选留

在仔猪断奶后，选出一部分好的个体留作种用，其4月龄前称育成阶段，4月龄后称后备阶段。对后备猪的选留是十分重要的，它关系到以后种用价值和一个猪群的质量。

(1)猪的外貌鉴定

①先观察猪的整体：在观看猪的整体时，需将猪赶至一个平坦、干净且光线良好的场地上，保持与被选猪一定距离，对猪的整体结构、健康状态、生殖器官、品种特征等进行肉眼鉴定。

Ⅰ. 体质结实，结构匀称，各部结合良好。头部清秀，毛色、耳型符合品种要求，眼明有神，反应灵敏，具有本品种的典型特征。

Ⅱ．体躯长，背腰平直或呈弓形，肋骨开张良好，腹部容积大而充实，腹底成直线，大腿丰满，臀部发育良好，尾根附着要高。

Ⅲ．四肢端正，骨骼结实，着地稳健，步态轻快。

Ⅳ．被毛短、稀而富有光泽，皮薄而富有弹性。

②观察关键部位

Ⅰ．头、颈：头不粗糙，具有本品种的典型特征；头中等大小，额部稍宽，嘴鼻长短适中，上下腭吻合良好，光滑整洁，口角较深，无肥腮，颈长中等，以细薄为好。种公猪头颈粗壮短厚，雄性特征明显；母猪头形轻小，母性良好。

Ⅱ．前躯：肩宽而平坦，肩胛骨角度适中，肌肉附着良好，肩背结合良好；胸宽且深，发育良好。前胸肌肉丰满，鬐甲平宽无凹陷。

Ⅲ．中躯：背腰平直宽广，不能有凹背或凸背。腹部大而不下垂，肷窝明显，腹线平直。种公猪切忌草肚垂腹，母猪切忌背腰单薄和乳房拖地。

Ⅳ．后躯：臀部宽广，肌肉丰满，大腿丰厚，肌肉结实，载肉量多。后躯宽阔的母猪，骨盆腔发达，便于保胎多产，减少难产。

Ⅴ．四肢：高而端正，肢势正确，肢蹄结实，系部有力，无卧系。

Ⅵ．乳房、生殖器官：种公、母猪都应有 7 对以上、发育良好且分布均匀的乳头。粗细、长短适中，无瞎乳头、凹乳头、副乳头。种公猪睾丸发育良好，左右对称，包皮无积尿，无隐睾，阴囊有弹性；母猪阴户充盈，发育良好。

(2)猪的生长发育测定:种猪在断奶、6 月龄和 36 月龄(成年)3 个时期进行测定。在同龄同期饲养管理一致的条件下,以体重大和体尺高者为优。

①体重:早饲前空腹称重,单位千克。母猪在妊娠或哺乳阶段,可分别于妊娠后 50～60 天或产后 15～20 天进行。如称重不便,可估算。

②体长:从两耳根联线的中点,沿背线至尾根的长度,单位厘米。测量时要求猪下颌、颈部和胸部呈一条直线,用软尺测量。

③体高:从鬐甲最高点至地面的垂直距离,单位厘米,用测杖或硬尺测量。

④胸围:沿肩胛后角绕胸 1 周的周径,单位厘米,用软尺测量。

⑤腿臀围:从左侧后腿膝关节前缘,经肛门绕至右侧后腿膝关节前缘的距离。

(3)繁殖性状

①初生重:仔猪初生时的个体重,在出生后 12 小时以内测定,只测出生时存活仔猪的体重。全窝仔猪总重量为初生窝重。

②断奶窝重:同窝仔猪在断奶时全部个体重的总和,应注明断奶日龄。

(4)选种方法

①断奶仔猪选择

Ⅰ. 根据系谱成绩或同胞资料选择:将不同窝仔猪的系谱资料进行比较,从祖代到双亲尤其是双亲性能优异的窝中,进行选留。同时要求同窝仔猪表现突出,即在产仔数多、哺乳期成活率高、断奶窝重大、发育整齐、无遗传疾患或畸形的窝中进行选择。

Ⅱ．根据本身表型选择：仔猪断奶时，根据本身的生长发育和外貌进行选择。在同窝仔猪中，将断奶重大、身腰较长、体格健壮、发育良好、生殖器官正常、乳头6～7对以上且排列均匀的仔猪选留下来。这时的选留数要大，一般是需要更新种猪数的4～5倍。

②后备猪选择

Ⅰ．2月龄选择(一选)：2月龄选种是窝选，就是选留大窝中的好个体。窝选是在父母亲都是优良个体的条件下，从产仔猪头数多、哺育率高、断奶和育成窝重大的窝中选留发育良好的仔猪。

Ⅱ．4月龄选择(二选)：主要是淘汰那些生长发育不良或者是有突出缺陷的个体。

Ⅲ．6月龄选择(三选)：后备猪达6月龄时各组织器官已经相对发育成熟，优缺点更加明显，可根据多方面的性能进行严格选择，淘汰不良个体。

Ⅳ．配种前选择：后备猪在初配前进行最后一次挑选，淘汰性器官发育不理想、性欲低下、精液品质较低的后备公猪和发情周期不规律、发情症状不明显的后备母猪。

③成年种猪选择

Ⅰ．初产母猪(14～16月龄)选择：此时选择淘汰的对象是产仔数少，仔猪成活率低，仔猪中有畸形、隐睾及毛色和耳型不符合育种要求的个体。

Ⅱ．种公、母猪选择：对于2胎以上的母猪和正式参加配种的种公猪，不仅本身有了2胎以上的成绩表现，而且也有用作育肥或种用的后裔。此时信息多,资料全,应根据本身生产力表现和后裔成绩进行选择。种公猪参加后裔测定,繁殖母猪可利用育种记录,应用选择指数选留。

(5)后备种群的确立:猪群结构是指种猪繁育各层次中种猪的数量,特别是种母猪数量,以便计算所需要种公猪数量和能生产出的商品肉用猪。

合理的猪群结构,可从2方面考虑:一是确定商品育肥猪杂交方案和生产数量,具体采用哪种杂交方法,应根据已有的猪种资源、猪舍及设备设施条件、市场状况等进行综合判断;二是要考虑包括遗传、环境和管理等在内的各种猪群的结构参数,猪群本身的状况和性能表现,主要包括种猪使用年限、配种方式、公母猪比例、种猪的淘汰更新率、母猪年生产力以及每头母猪年提供的后备种猪数等重要参数。繁殖母猪数量约占全年出栏育肥猪总数的6%,种母猪利用5～6胎,优良的个体可利用7～8胎。母猪群合理胎龄结构为1～2胎占生产母猪的30%～35%,3～6胎占60%,7胎以上占5%～10%。种公猪可利用2～3年。对繁殖性能差,后代体质差的公、母猪不能继续留作种用。

在种猪繁育过程中,母猪的规模是关键。采用常规的二元、三元杂交方案时,各层次母猪占母猪总数的比例大致为:核心群占2.5%,扩繁群占11.0%,生产群占86.5%,呈金字塔结构。

规模较大的猪场,可建立起自己的核心种猪群,从繁殖母猪群中严格精选体质外貌优秀,繁殖和哺育性能高,后代生长发育较好,年龄在2～3.5岁的作核心种猪群。核心群母猪数应占繁殖母猪总头数的15%～20%。

2. 外购后备母猪的选择

外购后备种猪首先选择健康状况良好有信誉的种猪公司引种，其次选择适合自己要求的品种和数量。详细选择标准如下：

(1)注意种源的可靠性：应到繁殖群体规模大、技术力量强、基础设施条件完备、生产经营管理严格、服务措施完善、没有疫情的种猪场选购。

(2)注意母猪外貌的特征：母猪外貌的特征是判断其品种纯杂、性能优劣的依据。每种品种猪都有独特的外貌特征，一是头部形状，包括头形大小、耳朵大小和耳角方向、脸面的平凹、嘴筒的尖钝；二是被毛的颜色和疏密程度、皮肤的颜色；三是躯体的长短、四肢的长短和粗细、脊背的平凹及腹线的弧形大小。

(3)注意母猪的体质：健康的母猪性情活泼，对外界刺激反应敏捷；口、眼、鼻及生殖孔、排泄孔无异物；无瞎眼、跛行、外伤；无脓肿、瘢痕、癣虱，无脐疝及异嗜癖；体型匀称，躯体前、中、后3个部分连接自然；被毛光泽度好，柔软且有韧性；皮肤有弹性，无皱纹、不过薄、不松弛。

(4)注意乳房、乳头、阴户的特殊性：好的母猪乳房发育良好，乳头排列整齐、匀称，左右间隔较宽，无假乳头、瘪乳头。阴户要发育良好，外形正常，大而不过于松弛。

(5)注意母猪的档案、检疫证明、收款票据等手续要完备：这些东西如同其他商品的说明书、合格证和发票，需要保存好。在实际购买中，养殖户对此不在意，当发生意外问题或矛盾时，往往因拿不出证据而后悔莫及。

(6)注意搞好防疫、驱虫：应详细询问猪场的防疫、驱虫情况，以便有针对性地进行预防，千万不能疏忽大意。

3. 外购后备仔猪的选择

(1)看皮毛：健康仔猪皮毛光滑、整洁，无出血斑点，病猪毛乱，无光，皮肤有出血或生有痘疮。若皮肤干燥脱屑，可能有疥癣或皮肤病。

(2)看精神：健康猪精神活泼好动，双眼明亮有神，见人有恐惧感。病猪则精神委顿，姿势不正，双眼闭合，见人懒得动。

(3)看口鼻：健康猪鼻镜湿润，口色粉红，无肿胀。如鼻镜干燥或鼻腔内有脓涕流出，说明不健康，如口色发红、苍白、舌有苔，则是病猪。

(4)看眼结膜：健康猪眼结膜为粉红色，无分泌物，病猪结膜发白，常患有寄生虫病、贫血和内出血；发红，充血常患有呼吸困难和循环障碍；眼分泌物增多患有发热及眼病。

(5)看腹围：腹围过大，常患有胃大扩张、肠臌气、腹水等。

(6)看肛门：健康猪肛门清洁无粪。有粪便污染说明有腹泻。

(7)看粪便：健康猪排便比较柔软、湿润，呈一节一节的圆锥状。排粪干硬呈球状常患有发热；排粪如稀水常患有下痢、胃肠炎、肠道寄生虫病等；粪稀、色白常患有消化不良，奶泻和仔猪白痢病，或有难闻的腥臭味。

(8)看耳和颈部：颈部肿硬或有针眼说明病猪刚刚打过药针。而健康猪颈部下沉，健康仔猪温度接近人体温度。当仔猪发热时，手感耳朵和颈部温度较低时，多患有长期腹泻，贫血或心脏衰竭。

二、后备猪群饲养管理

后备母猪的饲养培育，应特别注意日粮中蛋白质中氨基酸、矿物质的平衡供应。按照饲养标准配合日粮喂养，切莫用大量的能量饲料，把后备母猪喂得过肥，四肢较弱的早熟型个体。

1. 饲喂

可以由干粉料向潮拌料的方向过渡。猪重 80 千克以前为自由采食阶段，80 千克以后转到待配舍以潮拌料饲喂，并通过饲喂量适当调整膘情，一般为每天 2.5～3 千克。膘情控制八成膘为理想膘情。

2. 日常管理

(1)隔离与饲养

①新进种猪要放在消毒过的隔离猪舍内，暂时不得与本场猪只接触，隔离 1 个月。

②专人饲养，避免交叉感染。

③饲养过程中要把体弱的、有病的、打架的猪只隔离并特殊护理。

④卸猪后要让猪只充分休息，自由饮水(水中加补液盐)。饮水后，让仔猪自由活动、排尿和排便，12 小时后，开始给料，饲料量为正常的 1/3。投给仔猪适量的青绿饲料或颗粒性饲料，以后再逐渐添加饲料，以仔猪 7～8 成饱为宜，待仔猪完全适应后，再让仔猪自由采食。3～5 天内逐渐恢复正常。

(2)保健与消毒

①对新引进的种猪，所用饲料应添加适量的抗生素和电

解多种维生素，连用 5～7 天。

②对新引进的种猪坚持规范消毒，包括进场时车辆消毒和日常消毒(带猪消毒用刺激性小无腐蚀的消毒药，如氯制剂、百毒杀、1210、威宝、碘制剂等)。连续消毒 2 周。以后各种消毒药轮替使用，每周消毒 3 次。

③对新进种猪在疫苗接种后开始驱虫，用阿维菌素粉剂拌料饲喂 1 周即可。

④仔猪购回后第一天，要先给仔猪饮 1 次高锰酸钾水，或在饮水中添加适量的抗生素，并坚持供给充足清洁的饮水。

(3)分群：为使后备猪生长发育均匀整齐，应按性别、体重进行分群饲养，即公母分开，大小分开，每栏 4～6 头，饲养密度合理，每头猪占地 1.5～2 平方米。

(4)定位训练：进行吃、喝、拉、睡的定位训练(训练方法见前述)。

(5)免疫：原场的免疫状况、本地区疫病流行情况、本场猪群的实际情况、疫苗性质等，参照这些制订适合本场的免疫程序。一般是通过流行病学调查，病理剖检、实验室诊断后结合疫病的感染程度决定是否增加疫苗。

此外，还要树立科学的免疫意识，良好的疫苗、规范的储存和接种，保护力能达到 70％～75％。因此，确保猪群健康，还要将后备猪的管理纳入综合防疫体系之中。

(6)驱虫：蛔虫、鞭虫、疥螨等寄生虫常会损害机体免疫系统，对体内营养消耗大，使猪只免疫应答迟钝、猪群抵抗力低下，因此定期驱虫对控制寄生虫非常重要。

(7)药物预防：近几年疫病流行很复杂，多病原混合感染逐年上升，除了做好必要的免疫之外，还要在转群、换季应激较大的阶段或季节，在饲料中适当添加药物、生理调节剂、微生态制剂和某些中草药等进行预防及保健。投药的方式可以选择混饲或者饮水。一般混饲的情况较多。药物选择最好针对病原选择敏感药物并联合用药。但是要避免滥用抗生素，因为近年来超级菌的问题已经引起全球的广泛关注。

(8)诱导发情：影响母猪初情期的因素有品种、环境、光照、应激，诱情的最好方法是接触种公猪，将母猪赶入种公猪栏内，每次20分钟连续1周，开始诱情母猪日龄在150天，体重90千克以上。此外，还有放牧、调栏、增加光照等打乱母猪正常生活的措施，也会起到诱情作用。

(9)后备母猪乏情及屡配不孕的处理：正常情况下，后备母猪在7～8月龄，体重120千克左右，母猪会自然发情，但不要求马上配种，根据实际情况2～3情期后配种。

后备母猪乏情及屡配不孕是养猪企业非常棘手的问题之一，尤其高度集约化以及纯种猪的逐渐普及，该问题愈显突出。其根本原因主要是母猪内分泌的紊乱、卵巢静止、持久黄体及生殖道炎症等，造成繁殖机能启动不力；另外是营养、环境和饲养管理问题的影响。

①不发情原因

Ⅰ. 后备母猪饲料营养成分不平衡，蛋白、能量、维生素等不足，导致后备生长发育受阻，到了预定日龄，未能正常发情。

Ⅱ. 气温与光照不足。高温、高湿天气及阴暗栏舍，采光度差，会致使后备母猪不发情。

Ⅲ. 缺乏运动及种公猪刺激少，长期后备母猪圈养及不接触种公猪，影响其内分泌功能，也会致使发情受阻。

Ⅳ. 饲料原料霉变，对母猪正常发情影响最大的是玉米霉菌毒素，尤其是玉米赤霉烯酮，此种毒素分子结构与雌激素相似，母猪摄入含有这种毒素的饲料后，正常的内分泌功能将被打乱，导致发情不正常或排卵抑制。

Ⅴ. 卵巢发育不良，长期患慢性呼吸系统、慢性消化系统疾病或寄生虫病的母猪，其卵巢发育不全，卵泡发育不良激素分泌不足，影响发情。

Ⅵ. 母猪存在繁殖障碍性疾病，如猪瘟、蓝耳病、伪狂犬病、细小病毒病、乙脑病毒病和附红细胞体病等疾病因素均会使母猪不发情及其他繁殖障碍征。

②不发情处理方法

Ⅰ. 据同日龄的母猪已发情配种，剩下的将其换栏，先减料，后加料优饲并喂青绿多汁饲料，并加强运动，每天早晚各试情 1 次。

Ⅱ. 让发情母猪爬跨未发情母猪，进行刺激促使其发情。

Ⅲ. 经过这样处理后，仍未见动静，可用 PG600 肌注，3～5 天就会发情，但个别母猪可能发情不排卵，也要按正常程序配种，如 21 天再发情，再进行第二次配种，一般可以受孕。

Ⅳ. 对于已用上述措施处理后，后备母猪还未发情，可以考虑将此类后备母猪淘汰，做商品猪卖掉，减少经济损失。

③不发情的预防

Ⅰ. 从选种把关，选择体型理想，发育良好的，不选弱小或病僵的猪留做后备母猪，饲养过程中有残疾或慢性消耗疾病的及康复差的猪，不做种用。

Ⅱ. 加强饲养管理，挑选责任心强的员工担任此岗位，根据猪群生长需要，用高质量饲料、原材料及预混料来混合饲料，据饲料质地添加防霉剂。

Ⅲ．按各场特点进行防疫，如猪瘟、伪狂犬、蓝耳病、细小病毒、乙脑、口蹄疫等疫苗做好计划安排注射，同时定期添加保健药物和驱虫药物，促进后备母猪健康成长。

Ⅳ．保持猪舍干净卫生，通风透气，舒适，定期对猪舍周围内外进行消毒，消灭疾病传染源。

Ⅴ．勤观察到日龄发情母猪，做详细记录，为下次再发情作为依据，对于同批次猪只，未发情的，也要记录，作为参考，以便做出相关对策。

Ⅵ．根据后备母猪生长情况，及时用公猪诱情（选择中年性欲强的种公猪），同时加强运动，并加喂青绿多叶饲料。

(10)转入基础猪群：经过1～2胎检验合格的母猪，被称为基础母猪。基础母猪是猪场生产种猪和商品猪的基本条件。后备母猪配种妊娠产仔后，经过产仔、哺育、仔猪发育情况等记录，确认符合要求的才可进入基础母猪群，如果头胎产仔情况不符合要求，可检验第二胎，第二胎符合要求，则进入基础母猪群，不合格母猪作育肥猪处理。

商品猪场的基础母猪的年更新率为33%左右，即每年有1/3的种母猪要淘汰，同时，每年增加占基础母猪数1/3的后备母猪进入基础母猪群。规模化猪场的年更新率为25%～40%，更新率高时，基础母猪的更新速度加快，如果能进行有效的选种，更新速度快，有利于提高种母猪群的质量；但更新速度快，会使种母猪的培育成本增加，增大了每头仔猪的生产成本。更新速度慢，有利于降低仔猪的生产成本，但由于不能及时淘汰衰老和品质较差的种母猪，而影响整个种母猪群的质量。

第五节　空怀猪的饲养管理

空怀期是指正常断奶到配种前这段时期。空怀(后备)母猪的饲养目的:良好膘情、尽早发情、排卵和接受交配、提高受孕率、多怀多产。

1. 适时配种

适时配种是提高受胎率和产仔数的关键。母猪在发情后16～48小时排卵,多数在发情后24～36小时排卵。排卵持续时间为10～15小时,卵子从卵巢排出后,通过伞部进入输卵管膨大部,精子、卵子只有在这一部分输卵管内相遇才能受精,卵子通过这部分输卵管的时间,即卵子具有受精能力的时间,一般8～10小时,最长可达15小时左右;而精子到达母猪输卵管内的时间很短,经过获能作用后,具有受精能力的时间比卵子具有受精能力的时间长得多,所以配种适时应选在母猪排卵前2～3小时,即发情开始(母猪允许种公猪爬跨)后的20～30小时,如交配过早、当卵子排出时精子已失去受精能力;如交配过晚,当精子进入输卵管壶腹时,卵子已失去受精能力。由此可见,过早或过晚配种都会降低受精率,即使受精,也会因合子生活力弱而在发育途中死亡。

由于母猪的排卵时间因年龄、个体不同而异,故确定配种时间还要因猪而异,灵活掌握。就母猪的年龄而言,青年母猪发情期比老龄母猪长,因此要掌握"老配早,小配晚,不老不小配中间"的配种经验。

另外,从母猪发情表现来看,母猪精神状态从不安到发呆(用手按压腰臀部不动),阴门由红肿到淡白有皱褶,黏液由水样到变黏稠时，表示已达到适时配种期；当阴门黏膜干燥时，拒绝配种，表示已过适配期。目前，为提高受胎率和产仔数，生产中常采用一个发情期内配种的办法，通常在发情母猪接受种公猪爬跨后 20～30 小时进行第一次配种，隔 12～18 小时再进行第二次配种；但 2 次配种的准确时间因猪的品种、年龄和饲养管理条件不同而异。

2. 避免近亲繁殖

近亲繁殖是指血缘关系相近的公、母猪之间的交配，如父女猪间、母仔猪间、兄妹猪间、姐弟猪间、祖父孙女之间、祖母孙子之间、叔父侄女、姑母侄儿之间、同父异母子女、同母异父子女间的交配等。近亲繁殖的作用是加快遗传基因的纯合，能将祖代的性状在较少的世代内固定下来。但基因纯合后，使基因的非加性效应减少，而隐性有害基因纯合会表现出有害性状。因此，近亲繁殖除育种时为某种目的使用外，一般在生产上不用，因为它的害处很大。

(1)降低繁殖力：近亲交配繁殖使母猪产仔数减少，仔猪成活率降低。

(2)抑制后代发育：近亲交配繁殖的后代体型变小，体质变弱，生长缓慢，对外界不良环境的抵抗力降低。

(3)后代容易出现畸形怪胎或死胎：如有的仔猪没肛门，鼻孔合并，头大水肿，四肢发育不全，没耳朵，无被毛，少尾巴，瞎眼睛等。

总之，近亲繁殖的害处很大、很多，有时不能立即表现出来，但时间久了，害处就越来越重，越来越明显。生产中为避免近亲繁殖，可采取如下措施：

①定期倒换和交换种公猪：种公猪使用 2 年后，猪群中就

有了许多它的后代，就不能再使用了，必须将种公猪倒换1次，可采用场与场或户与户之间互相交换非亲缘同一品种公猪更新。

②做好繁殖记录，在此基础上做好选配工作：要防止种公猪偷配，更不能将公母猪混群饲养，合群放牧，以免乱配。

3. 提高受精率

提高猪的受精率首先要提高种公猪精液品质、适时配种。其次是种公猪使用过度使射精量减少，精子密度降低。畸形精子或不成熟精子增多影响受精率。种公猪长期不配种，精液内精子容易老化或死亡，第一次射精的精液应废弃不用或再配1次。

小公猪(1～2岁)正在发育期间，不能连续使用，每隔2～3天使用1次。2～5岁是种公猪壮年时期，可每天配种1～2次(上下午各1次)，每周停配1天。5岁以上种公猪每隔1～2天配种1次。

进行人工授精时精液的处理、保存和运输不当容易造成精液品质下降。

4. 良好膘情

空怀母猪的饲养包括后备母猪和经产母猪。后备母猪正处在生长发育阶段，经产母猪常年处于紧张的生产状态，都应供给全面的必需的营养物质，使之保持适度的膘情，俗话说“空怀母猪七、八成膘，容易怀胎产仔高”。

(1)后备母猪的饲养：后备母猪在生长期应喂优质饲粮，以保证后备猪的充分发育和体质的结实度，促进生殖系统的正常发育。饲粮组成中应提供鱼粉、草粉或青饲料，严禁使用对生殖系统造成危害的棉、菜籽饼(粕)以及发霉变质的其他饲料。

后备母猪的营养水平除强调能量、蛋白质水平外,还应强调赖氨酸的供应,以满足肌肉组织充分发育。在饲喂方式上,6月龄以前的后备母猪,应自由采食,充分饲养;6月龄以后至配种前,则应适当限制采食量或增大青料的投喂量,以防过肥影响繁殖。

(2)经产母猪配种前的饲养:母猪经过产仔和泌乳,体重要减轻20%~30%。断奶时如能保持7~8成膘,断奶后5~10天之内就能发情配种。

在正常饲养管理条件下的哺乳母猪,仔猪断奶后,应有七、八成膘,断奶后1周左右再次发情,开始下一个繁殖周期。哺乳母猪断奶后,由于负担减轻,食欲旺盛,多供给营养丰富的饲料和保证充分休息,可使母猪迅速恢复体况,此时日粮的营养水平和喂量应与妊娠后期相同。对于带仔较多,泌乳力高的个体,更应加强营养,可在日粮中适当增喂动物性饲料和优质青绿饲料。空怀母猪的短期优饲,可促进发情排卵,为提高受胎率和产仔数奠定基础。

有些断奶前膘情相当好的母猪,多半是哺乳期间吃食好,带仔头数少或泌乳力差,在哺乳期间减体重少的母猪。这些过于肥胖的母猪贪吃贪睡,发情不正常。对这类母猪,无论是断奶前还是断奶后,都应少喂配合饲料,多喂青粗饲料,加强运动,使其恢复到适度膘情,及时发情,适时配种。

5. 饲养方式

空怀母猪有单栏饲养和小群饲养2种方式。

(1)单栏饲养:是近年来工厂化养猪生产中的一种形式,

即将母猪固定在限位栏内饲养，活动范围小。母猪后侧（尾侧）可养种公猪，以促进发情。

（2）小群饲养：是将同期断奶的母猪，饲养在同一圈（栏）内，可以自由运动，有舍外运动场的圈（栏）舍，运动的范围更大。当群内出现发情母猪后，由于爬跨和外激素的刺激，可引诱其他空怀母猪发情。这样便于根据爬跨等行为表现，鉴别母猪是否发情。

第六节　季节管理重点

春夏秋冬，气温变化大，所以应根据不同季节的气候特点，加强季节性的饲养管理。

1. 春季管理重点

（1）搞好猪圈（栏）消毒工作：利用石灰、草木灰等对猪圈（栏）消毒。将猪圈（栏）打扫干净，把调好的石灰水、草木灰洒入猪圈（栏）内，角落、缝隙多洒一些，墙壁也用石灰水刷，待圈（栏）里石灰水干涸后，再垫一些干草。

（2）早春的天气变化无常，昼夜温差较大，所以保持猪舍温暖、环境干燥洁净、空气流畅，创造一个有利于猪只生长发育的小环境显得尤为重要。特别在北方地区，经产母猪一定要实行暖房产仔，这是保证仔猪全活全壮的基础。

（3）适时打好预防针，防止疾病发生。

（4）注意通风，预防感冒。春季气温经常变化，一旦天气寒冷，要堵好通风处，防止冷空气侵入猪舍。

（5）春季青绿饲料缺乏，要尽量在日粮中添加一些胡萝卜等多汁饲料和啤酒糟、饼类饲料，以增进猪的食欲，同时要补充一些维生素。

2. 夏季管理重点

(1)做好防暑降温工作：夏季天气炎热，而猪汗腺不发达，尤其育肥猪皮下脂肪较厚，体内热量散发困难，使其耐热能力很差。到了盛夏，猪表现出焦躁不安，食量减少，生长缓慢，容易患病。因此，在夏季要着重做好防暑降温工作。降温措施可采取让猪舍通风、遮荫；在猪舍地面洒水降温；在饲喂前给猪身上冲水降温。

(2)供给清洁的饮水：夏季，猪的饮水量增多，其中哺乳猪和仔猪的需水量更大，所以夏季养猪最好喂稀食，并在圈(栏)内放上水盆或水槽，随时供应清洁的饮水。在高温情况下可以在猪圈内挖1个坑，坑内灌足凉井水，供猪打泥用，但切不可将凉井水直接泼到猪身上。

(3)多喂清热泻火的饲料和添加剂：常见的清热泻火饲料和添加剂有麦麸、豆饼、花生饼、人工盐、南瓜及去火增食剂等，生产中可根据条件任意选用、添加。高粱、瓜干和酒糟等热性饲料尽量少喂。

(4)调整喂食时间，增加饲喂次数：夏季由于白天气温高，早晚天气凉爽，这样在饲喂时间、饲喂次数上就要做一些调整。仔猪日喂6次以上，育肥猪和种猪日喂3次，饲喂时间选在早5～6时、晚7～8时凉爽时进行。还可在夜间11点、凌晨4点各喂1次饲料，午餐避过中午时间饲喂。在夜间和温度较低时在圈(栏)里放足猪饲料，以利于猪增加体重。

(5)驱除蚊蝇：夏季，蚊蝇滋生会影响猪休息，并污染饲料和饮水，传染某些传染病。可以夜间在猪圈(栏)内点燃蚊香或挂上用纱布包好的晶体敌百虫，以防蚊虫叮咬，还可定期给猪吃适量的畜用土霉素，并每天做好饲用器具的冲洗和猪圈（栏）的清洁工作，避免病菌传染。

（6）加强防疫：夏季气温高，各种病菌大量繁殖生长，如果消毒不彻底，管理不得当极易引发疾病。因此这个季节养好猪，疾病防治尤为重要。

3. 秋季管理重点

（1）做好秋季气候多变的准备：秋季是气候变化最大、最频繁的季节，猪场因为温度、湿度、空气质量等环境因素的多变带来很多不稳定性因素。随着温度的逐渐降低，防寒保温成为最重要的事情，因此要充分利用门窗的开启调节昼夜温度，深秋季节必要时晚上启用保温设施，重点加强保育舍和产房的恒温控制，夜间避免贼风。在没有气温变化之前就应准备好加温设施，如锅炉的维修，煤炭的准备，封堵窗户的砖、塑料布是否备好或搭塑料棚等。

（2）防病：秋季养猪，猪容易患附红细胞体病、猪链球菌病等疾病，给养殖户带来损失。所以，要注意预防好猪附红细胞体病和猪链球菌病。

（3）储料：秋季养猪，除加强常规饲料管理外，还要做好猪饲料的储备和育肥催肥工作。

4. 冬季管理重点

（1）修整猪栏，防御冷风。在冬季来到之前，把猪栏通风漏雨的地方遮挡堵严，防止冷风侵入。

（2）勤垫干草、勤打扫，保持圈（栏）内干燥，不让草潮湿。

（3）增加饲养密度，多喂些热能高的饲料，增加猪体内的热量。让猪睡在一起，既可互相取暖，又可提高栏温。

（4）饲养上应喂给富含维生素 D 和钙、磷丰富的饲料，如优质干草加矿物质，用多种饲料配合日粮。

第五章　猪的健康保护

调查中发现，当前养殖场，无论其规模大小，对“防疫”的认识程度都比较高，过去那种拒绝免疫的现象已经很少见了。但是很多人对“防疫”的理解还是很片面的，认为“防疫”就是“打防疫针”，以为可以“一针安天下”。

实际上，真正的“防疫”，除了针对相应的动物疫病进行免疫注射，保护易感动物外，还要采取相应措施消灭传染源和切断传播途径，建立检疫、隔离、消毒、封闭饲养和全进全出等项管理制度，才能净化场内的各种疫病，并形成生物安全屏障，阻止外疫的传入。

第一节　猪病综合防治措施

猪能否发病，同个体的抵抗能力有密切关系，加强猪的饲养管理，注意环境卫生，执行严格的兽医卫生制度，增强猪体健康和对外界致病因素的抵抗力，是预防传染病的重要条件。同时，也要重视饲料、饮水的清洁卫生，不喂腐烂、发霉和变质饲料，圈（栏）舍经常清扫，保持清洁、干燥、防寒保暖、防暑降温、食槽和管理用具保持清洁等都是预防疾病不可忽视的内容，也是保证猪生长发育和体格健壮、抗病力强的基本条件。

一、把好引种关

1. 引进猪时要检疫

引进种猪时，只能从非疫区购入，经当地兽医部门检疫，并签发检疫合格证明书，再经本场兽医验证、检疫，隔离观察 1 个月以上，确认为健康者，经驱虫、消毒（没有预防接种的，要补注疫苗）后，方可混群饲养。

猪场使用的饮料和用具也要从安全地区购入，不要随意购买。

2. 坚持"自繁自养"的繁殖方针

坚持"自繁自养"，其目的就是为防止因引进猪种而带入疫病，造成疾病的传播。

二、创造良好的饲养环境

1. 选址

根据病原的生物学特性和传染病的流行特点，猪场应建在交通便利，远离屠宰加工厂，保持与其他畜禽养殖场、居民区至少 1.5 千米，离公路干线至少 1 千米。地形选择应是避风、向阳（北方地区）和排泄方便及自然防疫隔离条件优越之地。

2. 布局

包括生产区和生活区，两者之间要有一定距离（200 米）的缓冲防疫隔离带；整个场区要有围墙；生活区包括更衣消毒区、办公区、宿舍食堂、水电供应区等。

3. 完善疾病监测体系

生产记录即把生产过程中的活动，从猪舍温、湿度，种猪产仔、配种工作，饲料、饲喂以及防疫治疗过程等进行详细记录，它能为疾病的诊断提供参考，为制订新的生产管理措施提供依据。

(1)饲料记录：饲料质量的优劣直接影响猪的健康状况，有些有害物质还可以引起猪患病，如赤霉菌毒素可造成母猪外阴红肿的假发情，麦角毒素中的麦角碱与麦角胺引起子宫收缩造成流产。因此，不论使用商品全价料还是自配料，都应对进料时间、数量、产地等做好记录，并留少量样品备查。

(2)配种及产仔记录：空怀母猪能否及时怀孕、母猪产仔数量的多少、仔猪成活率的高低与公母猪的健康状况有直接关系。做好种公猪所配母猪的准胎率及产仔情况记录，及时总结整理这些资料能较准确地反映种公猪的生产能力与健康状况。同样，不同种公猪所配同一母猪不容易怀孕或产仔数量少，仔猪死亡率高很可能由母猪的疾病所致。当有大批母猪产出死胎、木乃伊胎及弱仔时，就要考虑到可能引起这些症状的疾病，如非典型猪瘟、细小病毒、乙型脑炎、繁殖与呼吸障碍综合征、伪狂犬病在猪群存在的可能性，确诊后采取免疫措施。

(3)防疫和病例记录：对中等毒力及本场未使用过的疫苗，应先接种少量仔猪和育肥猪，无明显副作用后再大批量使用。每次防疫后对所用疫苗名称、种类(弱毒苗、灭活苗)、生产厂家、批号和失效期；疫苗接种方式及剂量；注射日期和操作人员以及所防猪的种类都应有完整记录，以便于帮助查明致病原因。

4. 疫病扑灭措施

(1)隔离:当猪群发生传染病时,应尽快做出诊断,明确传染病性质,立即采取隔离措施。一旦病性确定,对假定健康猪可进行紧急预防接种。隔离开的猪群要有专人饲养,用具要专用,人员不要互相串门。根据该种传染病潜伏期的长短,经一定时间观察不再发病后,再经过消毒后可解除隔离。

(2)封锁:在发生及流行某些危害性大的烈性传染病时,应立即报告当地政府主管部门,划定疫区范围进行封锁。封锁应根据该疫病流行情况和流行规律,按“早、快、严、小”的原则进行。封锁是针对传染源、传播途径、易感动物群3个环节采取相应措施。

(3)紧急预防和治疗:一旦发生传染病,在查清疫病性质之后,除按传染病控制原则进行,如检疫、隔离、封锁、消毒等处理外,对疑似病猪及假定健康猪可采用紧急预防接种。预防接种可应用疫苗,也可应用抗血清。

(4)淘汰病猪:淘汰病猪,也是控制和扑灭疫病的重要措施之一。

三、水源质量的控制

猪有机体含有65%以上的水分,水分虽不是猪的能量来源,但它对猪体具有特殊的生理作用,水是组织液、淋巴液和血液的主要成分,维持着各种体液的循环作用,体内绝大部分的生理生化过程都依赖于水的存在。而水分主要由饮水和食物中的水分及体内生物氧化所产生的水分组成,而大部分的来源是由饮水而得。所以饮用水的水源质量就成为猪健康及提高养猪经济效益的关键之一。自然界的水在不断循环过程中，往往受自然和人为的污染，尤以人为污染严重，如各种工业废水、农药、各种重金属及病原微生物等，都会造成水质恶化，若猪长期饮用被污染的水，将会导致猪体机能紊乱、物质氧化不全、虚弱、生长停滞、中毒甚至造成死亡。因此，要采取措施对水源进行保护。

水质的保护首先是要先从合理选择地址着手，然后是减少猪场生产中污水的排放量，并进行认真治理，达标排放。

1. 水源水质条件纳入猪场选址的重要内容

良好水质和供水丰富的水源是保证生产正常进行的重要条件，不管以何种水源作为生活、生产用水，都必须满足水量充足和水质符合卫生要求 2 个条件。一方面，规模猪场选址时，要首先查明附近地面或地下的水源情况，便于取用和进行卫生防护，取水点附近不宜有化工厂、屠宰场等污水排放点，地面水要进行沉淀、过滤、消毒处理。水量必须满足场内生活、生产用水的要求。另一方面，要避开猪场生产污水流向对居民取水点造成的影响，并对污水进行处理达标后排放。

2. 猪场用水量、饮用水及污水排放标准

养猪场应根据饲养规模和总需水量建造供水设施（猪群用水量可参考表 5-1）。猪场饮水质量应达到饮用水的要求。

表 5-1　每头猪平均日耗水量参数表

单位：升/（头·天）

猪群类别	总耗水量（吨）	其中饮用水量（吨）
空怀及妊娠母猪	25	18
哺乳母猪（带仔猪）	40	22

续表

猪群类别	总耗水量(吨)	其中饮用水量(吨)
培育仔猪	6	2
育成猪	8	4
后备猪	15	8
种公猪	40	22

注:总耗水量包括猪饮用水量、猪舍清洗用水量和饲料调制用水量,炎热地区和干燥地区耗水量参数可增加25%～30%。

3. 水质保护与水质净化措施

(1)从污染源头抓起,以人工清粪为主,水冲为辅的清粪方式,是减少污染程度的有力措施,与全冲洗清粪方式相比,排污量减少近2/3,有机物含量减少约1/3,既节约水源,又有很好的清洁效果。在生产过程中大力推广运用有利于生态环保建设方面的养猪新技术,如利用氨基酸平衡日粮法和添加酶制剂,减少粪水中氮磷含量;尽量利用中药及微生态类型的动物保健剂,严格控制重金属元素物质的使用,降低污染浓度。

(2)猪场在猪舍建筑时要配置2条排水系统,排污沟尽可能避免雨水流入,排污沟同雨水沟分开,要及时修理或更换漏水的水龙头和饮水器,提倡节约用水,减少污水排放量。

(3)在修建猪场时对排污处理系统进行整体规划,建立有效的污水处理系统,采用先进的工艺流程和污水处理方法对污水进行处理净化,达标排放。

(4)猪场水质的净化处理,猪只饮用水必须符合饮用水卫生要求。由于猪场用水量大,要自己解决饮用水,地下水质量较好，但供应量不稳定，地面水的水质必须要进行沉淀、过滤、消毒处理，并定期对水质进行监测和清洗水池。

四、空气质量的控制

随着养猪业的集约化密闭式饲养的兴起，猪舍空气中的污染日趋严重，这就提示养猪者必须对猪舍空气质量予以关注，因为猪舍空气污染威胁着工作人员的健康和猪的安全，严重时会导致呼吸系统疾病的发生。

1. 猪舍空气的污染源

猪舍空气污染物可分为 3 类：一是粉尘，二是有害气体，三是有害微生物。

(1)粉尘：近年来，由传统熟食稀喂改为生料干饲，猪的饲料多为干粉料，饲料粉尘必然增多。在投喂饲料过程中，猪只相互抢食、呼气冲击饲料等都会带来粉尘飞扬，这在晴天阳光照进猪舍时会看得清清楚楚。

猪的肌体正常生理活动，如皮肤细胞因新陈代谢而不时地脱落，连同被毛碎片都会飞进空气中，特别是猪在猪栏墙蹭痒时，产生的皮毛尘埃更多。

有的猪场在猪舍内采用垫料御寒，垫料被猪撕咬、踩压时，也会产生大量尘埃，经测定，由此产生尘埃可使空气中粉尘含量增加 10 倍。

(2)有害气体：猪排泄粪尿和呼吸运动还会产生恶臭有害气体等进入空气，若不及时地清洗与排除，会带来空气中硫化氢、二氧化碳、氨气、一氧化碳、二氧化硫、酪酸、吲哚、硫醇、酚类、粪臭素、甲烷气体含量增加。

(3)微生物：空气中微生物的来源有猪的呼气、饲料、垫料、粪尿排泄和体表携带，有时外来的空气和生物（昆虫和鼠）也会带入，其中有害微生物（细菌、病毒、真菌）的增加势必引发疾病。

2. 猪舍空气污染的控制

要想完全解决猪舍空气污染是十分困难的事，但要想办法尽量降低尘埃和有害气体的含量和危害。

（1）搞好猪场绿化可以减轻空气污染，净化场区空气。猪舍排出的污浊空气中有相当一部分是二氧化碳，绿色植物可通过光合作用吸收二氧化碳并放出氧气。许多植物还可吸收空气中的有害气体，使氨、硫化氢、二氧化碳、氟化氢等有害气体的浓度大大降低，恶臭也明显减少。此外，某些植物对铅、镉、汞等重金属元素有一定的吸收能力。植物叶面、树叶等还可吸附、阻留空气中的大量灰尘、粉尘，而使空气净化。许多绿色植物还有杀菌作用，场区绿化可使空气中的细菌减少22％～79％；绿色植物还可降低场区噪声。

绿化可调节场内温湿度、气流等，改善场区小气候状况。在夏季，绿色植物的叶面水分蒸发可吸收大量热量，使周围环境温度降低，散失的水分可调节空气湿度，高大树冠可为猪舍遮荫，草地和树木可吸收大量的太阳辐射，有利于夏季防暑；在冬季树木可阻挡风沙，绿化有利于猪场的防火防疫。种植隔离林带，可防止人畜任意往来而引起的疫病传播，含水量大的树木起防风隔离作用。

（2）在保证正常生理要求下，磨粗的比磨细的饲料好，饲喂湿料好于干料。

（3）夏季打开猪舍窗户，做到空气流通；冬季定时开通排风装置排出污浊空气。

(4)冬季猪舍启用喷油(植物油)装置,夏季启用喷水装置,每天喷雾 5～8 次,可使猪舍内尘埃减少 40%～70%。

(5)人在进入猪舍后,应戴上口罩将鼻口遮住,能防止部分尘埃吸入肺内。

(6)及时清除粪尿,清洗地面,能降低氨气、硫化氢、二氧化碳等空气中的含量。

(7)按要求做好猪的体表寄生虫防治,减少猪的蹭痒带来的皮屑断毛的飞扬。

(8)杀灭猪舍内昆虫和鼠类,减少带入有害微生物的机会。

(9)尽量不用或少用垫料,既可减少尘埃又能节约开支。

(10)合理的光照,太阳紫外线能杀灭空气中有害病菌。

五、消毒控制

当前,有相当多的猪场,存在对卫生消毒工作的重视不够,措施不力,摆样子走过场现象,致使整个防疫制度脱节,出现漏洞,达不到所预期效果,致使疫情愈来愈严重。

卫生消毒工作在于消灭病原微生物,阻断它们与猪体接触,是疾病防治最根本、最关键的措施。虽然不可能消灭猪舍内所有病原体,但经过努力,可最大限度的清除传染源,再配合免疫接种、药物防治等措施,就可确保猪群健康。

1. 入场消毒

(1)入场人员消毒:入口处设置与大门等宽的水泥结构消毒池,池内消毒液 2～3 天更换 1 次,消毒药品可选用氢氧化钠等。进场人员必须更换鞋,脚踩消毒池后才能进入。入场后,进场人员还应随时进行洗手消毒,采用的消毒剂应对人的皮肤无刺激性、无异味。消毒剂可选用过氧化氢溶液、新洁尔灭(季胺盐类消毒剂)溶液。

(2)车辆消毒:任何车辆不得进入生产区,外来运猪车辆车轮、车厢内外都需要进行全面的喷洒消毒。消毒剂可选用过氧化氢、过氧乙酸、二氯异氰尿酸钠等。

2. 生产区消毒

(1)杜绝外来人员进入生产区参观访问。工作人员不准养宠物,不准进入屠宰场。不准带入可能染病的畜产品或物品。本场兽医不准到外诊疗疫病。

(2)从外进入生产区的工作人员,必须经消毒更衣室消毒,经过淋浴、更衣(穿工作服)、换鞋后,方可进入猪场。

(3)不同猪舍的饲养人员不准串舍和在饲养时间聚集,各车间用具不得外借和交叉使用。技术员需要检查猪群情况时,必须穿经消毒的工作服、戴帽、换鞋,检查应该从健康猪群到病猪,从小猪到大猪,同时进入不同猪舍时应进行重新消毒。

(4)猪场配种人员不准对外开展猪的配种工作,人工授精站的人员,不可进入养猪生产区。

(5)车间用具经过浸泡、喷雾或紫外线直接照射消毒后方可进场。

(6)买猪人员、车辆一律不准直接进入生产区。

(7)在病猪舍、隔离舍出入口应放置浸有消毒液的麻袋片或草垫,消毒液可用3%烧碱溶液。

3. 猪舍消毒

(1)常规消毒:坚持每天打扫猪舍卫生,保持食槽、用具干净，地面清洁，选用高效、低毒、广谱的消毒药品进行消毒。

(2)定期消毒：定期对猪场周围环境及猪舍进行消毒，定期在猪舍内进行带猪消毒，每周进行2～3次。疫病期间产房和保育舍每天消毒1次，其他猪舍每2天进行消毒1次。

(3)要实行单元化饲养、全进全出制：每批猪只转出后和下批转栏前，对猪舍地面、栏舍、走道、食槽、用具以及下水道等进行彻底清洗消毒。

(4)母猪上分娩床、仔猪转群时，应对猪只体表进行消毒：母猪生产时一定要保证母猪乳房、阴户周围干净卫生，并严格消毒，干燥后送到指定地点。

(5)配种消毒：公母猪配种前，应做好种公猪下腹部、阴囊和母猪外阴部的清洁消毒。采用人工授精时，要有无菌操作观念，避免人员、器具、环境等因素影响精液质量。

(6)其他消毒：注射器、针头、手术刀、剪子、镊子、耳号钳、止血钳等物品的消毒，在洗净后，经消毒锅内煮沸消毒30分钟后方可用。仔猪打耳号、剪牙、断尾等外伤，以及其他猪群的外伤，都应该及时消毒，防止感染。用5%的碘酒棉球涂擦数遍，直到痊愈。

4. 病期消毒

(1)病毒性传染病：在养猪业中，猪传染病对猪场的危害最大，应高度重视。

①加强消毒切断传染源：猪舍放空并用3%碱水充分消毒后放干，再用次氯酸钠100倍复式消毒，地面、天花板、柱梁、墙窗、沟道均要消毒。器械、衣物、废弃物能焚烧的尽可能烧毁，否则浸于3%碱水中隔日丢弃。重复使用的器材要进行湿热灭菌(煮沸或高压蒸气灭菌)，干热灭菌或浸于次氯酸钠200

倍、0.5%～1%碱水、150倍消克能或保畜妈300倍液至少一夜。猪瘟、猪痘、猪流行性感冒、传染性胃肠炎、日本脑炎等可比照此法执行。猪细小病毒、肠道病毒、腺病毒、口蹄疫、水痘疹、水疱病毒等不能用消克能、保畜妈、石炭酸及克疫素，只能用碱水、次氯酸钠、泛福露液、福尔马林及碘剂。

②病猪隔离尽快诊断病因：隔离观察隔离栏尽量离健康猪群远一点，保持栏内安静卫生，空气流畅，让病猪群有一个良好的休息环境，观察期不用任何抗病原微生物的药物，让猪群的病症尽早表现出来；在病猪群诊断工作中，采用饥饿诊断法（就是对隔离的病猪群不喂任何饲料，但给猪群饮水，在饮水中添加葡萄糖和多种维生素，饮1～3天，这样猪群的病症就容易表现出来，有利于后期诊断工作）对中毒病的治疗有很大意义，降低误诊的几率。

③紧急接种保护易感猪群使其尽早产生自动抗体：注意事项在疫苗接种期间接种人员必须操作规范，注意疫苗的生产日期，保持使用有效疫苗进行接种，禁止在接种疫苗期间使用抗病毒药物；过敏反应在接种期间有个别的猪会发生过敏反应，采用肾上腺素进行解救。

④投药拌料控制继发感染：药物保护猪群采食拌有针对病原药物的饲料。首先可以控制猪病的继续发展，保护未感猪群受病原体的危害；药物作用当添加药物拌料时，常会碰到一些情况，如药物含量不够、配伍不恰当、添加量不够等问题，往往会影响治疗效果。

⑤加强饲料营养增加抗病力：当猪群发病期或恢复期提高饲料营养，在科学配方的前提下可以添加葡萄糖和多种维生素加快猪群康复；霉变饲料当猪群在发病期禁用任何霉变

饲料,霉变饲料会造成猪群慢性中毒,免疫力下降。

⑥对症治疗:个别病猪在对症用药的情况下,切记不要胡乱搭配药物或同时用多种抗生素治疗,最后的结果可能是病猪死亡于药的毒副作用。剖解诊断是养猪工作者必须深入研究的一门学问,根据剖解结果结合猪群实际症状来诊断猪病,大大提高了确诊率。

⑦降低饲养密度保持环境卫生:减少应激猪群在恢复期饲养密度相对要加大一些,减少猪群数量饲养,保持栏舍干净,空气流畅,防止潮湿和闷热降低应激诱因;猪群在夏季高温天气,要求饲养员对猪群冲水洗浴 5~8 次,添加小苏打防止酸中毒。

⑧定期灭鼠杀蚊虫除苍蝇驱虫:常用消灭老鼠、野猫、杀蚊虫、除苍蝇等方法来控制传播宿主,降低猪传染病的发病率;计划驱虫,寄生虫影响猪群正常生长和猪群健康,容易导致全面暴发寄生虫疾病,建议育肥猪群在断奶后 7 天、出生 60 天各驱虫 1 次,每次拌料 7~10 天。母猪群 1 年 4~6 次,在驱虫期间每天必须对猪群粪便消毒,杀死虫卵和成虫,增强驱虫效果。

(2)沙门杆菌等细菌性传染病:可参照上法行之,消毒剂亦可用 250 倍消克能或 500 倍保畜妈液喷雾。酶菌、抗酸菌、芽孢生成菌时应使用碱水、福尔马林、次氯酸钠及生石灰等。

(3)猪赤痢:可使用二氯(代)苯 50~100 倍彻底消毒。

(4)哺乳猪大肠杆菌下痢症:分娩舍用温热的消克能 250 倍或保畜妈 500 倍每日喷雾。也可用石灰乳(生石灰 1 份加水 1~4 份混合搅拌成泥状)涂分娩舍或哺乳舍的墙面及地面,可防止关节炎或化脓症。墙面要涂高 1 米,干后再涂 1 次

(1 次纵涂,1 次横涂)。全干后再进猪。

5. 消毒注意事项

(1)饲养人员进入猪舍必须穿高帮水鞋,并在消毒池浸过后才能入舍。

(2)消毒前首先要清扫、浸泡,刷洗除去表面附着物,然后按规定配制消毒液进行消毒。在无疫病发生的情况下,每个月对全场周围环境进行 2 次以上大消毒,定期消灭蚊蝇,严格执行停药期的规定。

(3)舍内温度、消毒时间、药物浓度、喷洒量对消毒效果有影响。舍温在 10～30℃,温度越高,消毒效果越好。一般药物作用时间不少于 0.5 小时。

(4)预防消毒时,采用药品说明书介绍的中等浓度,患病期消毒采用说明书介绍的最高浓度。

(5)不同消毒对象每平方米需要喷洒稀释后消毒药量:圈(栏)40～60 毫升,木质建筑 150～250 毫升,砖质建筑 250～350 毫升,混凝土建筑 350～450 毫升,黏土建筑 60～120 毫升,土地和运动场 200～300 毫升。

(6)经常更换消毒药,以免病原微生物产生抗药性。

(7)禁用无生产厂家、无生产日期、无规格说明的“三无”消毒剂。

六、做好基础免疫

防疫程序的制订必须结合当地猪病的具体情况、本场猪群的疾病情况和各种疫苗的性能。

1. 规模化猪场推荐的免疫程度

(1)育肥猪推荐免疫程序

初乳前2小时:肌内注射1头份猪瘟单苗、1头份胃肠炎与轮状病毒二联活疫苗。

7日龄:肌内注射蓝耳病蜂胶灭活疫苗(1毫升)、猪链球菌蜂胶疫苗(1毫升)。

14日龄:肌内注射水肿病+仔猪副伤寒(2毫升)二联蜂胶灭活疫苗。

20日龄:肌内注射猪瘟+丹毒+肺疫三联苗(4倍量)+气喘病(1毫升)蜂胶灭活疫苗。

26日龄:肌内注射猪链球菌蜂胶疫苗(2毫升),水肿病+仔猪副伤寒(2毫升)蜂胶疫苗。

32日龄:肌内注射萎缩性鼻炎疫苗(2毫升),蓝耳病蜂胶灭活疫苗(2毫升)。

38日龄:肌内注射胃肠炎与轮状病毒二联活疫苗,气喘病(1毫升)蜂胶灭活疫苗。

60日龄:肌内注射2头份猪瘟单苗。

注:如果本地无猪伪狂犬病,育肥猪可不进行防疫。如有该病,可在20日龄左右免疫1次,剂量为1.5毫升/头。

(2)后备种猪推荐免疫程序

初乳前2小时:肌内注射1头份猪瘟单苗。

7日龄:肌内注射蓝耳病蜂胶灭活疫苗(1毫升)。

14日龄:肌内注射水肿病+仔副蜂胶灭活疫苗(1毫升)。

21日龄:肌内注射猪瘟+丹毒+肺疫三联苗(4倍量)。

28日龄:肌内注射仔猪副伤寒(1头份)+猪链球菌蜂胶疫苗(2毫升)。

35日龄:肌内注射胃肠炎与轮状病毒二联活疫苗+蓝耳病蜂胶灭活疫苗(2毫升)。

42 日龄:肌内注射猪链球菌蜂胶疫苗(2 毫升)+气喘病(1 毫升)蜂胶灭活疫苗。

63 日龄:肌内注射伪狂犬活疫苗+伪狂犬病蜂胶灭活疫苗。

70 日龄:后海穴注射口蹄疫疫苗。

150 日龄:肌内注射猪瘟三联苗(4 倍量)。

160 日龄:肌内注射猪链球菌蜂胶疫苗(3 毫升)。

170 日龄:肌内注射乙脑冻干苗。

200 日龄:肌内注射细小病毒疫苗。

210 日龄:肌内注射猪蓝耳病蜂胶灭活疫苗,猪伪狂犬疫苗。

(3)妊娠母猪推荐免疫程序

妊娠 20 日龄:肌内注射蓝耳病蜂胶灭活疫苗(2 毫升)。

妊娠 50 日龄:肌内注射仔猪红痢胃肠炎与轮状病毒二联活疫苗。

妊娠 60 日龄:肌内注射猪链球菌蜂胶疫苗(3 毫升)。

妊娠 70 日龄:肌内注射口蹄疫疫苗(后海穴注射),大肠杆菌基因工程疫苗。

妊娠 75 日龄:肌内注射伪狂犬蜂胶灭活疫苗,胃肠炎与轮状病毒二联灭活疫苗(后海穴注射)。

妊娠 80 日龄:肌内注射萎缩性鼻炎蜂胶疫苗(2 毫升)。

妊娠 85 日龄:肌内注射仔猪红痢大肠杆菌基因工程蜂胶灭活疫苗(2 毫升)。

妊娠 90 日龄:肌内注射蓝耳病蜂胶灭活疫苗(2 毫升)+伪狂犬蜂胶灭活疫苗(2 毫升)。

妊娠 95 日龄:肌内注射萎缩性鼻炎蜂胶疫苗(2 毫升)。

(4)产后再配种阶段母猪基础免疫程序

分娩后 7 日龄:肌内注射蓝耳病蜂胶灭活疫苗(2 毫升)。

分娩后 14 日龄:肌内注射乙脑冻干苗,细小病毒疫苗。

分娩后 21 日龄:肌内注射猪瘟三联疫苗 4 倍量。

断奶日:肌内注射气喘病疫苗。

配种前 10 日龄:肌内注射蓝耳病蜂胶疫苗 2 毫升。

(5)种公猪推荐免疫程序:

除需做后备种猪推荐的免疫程序外,每年春、秋两季各注射 1 次以下疫苗。

①耳后肌内注射猪口蹄疫 O 型灭活苗 3 毫升。

②肌内注射或单苗分别注射猪瘟、猪丹毒、猪巴氏杆菌三联活疫苗 4 头份。

③耳后肌内注射高致病性猪繁殖与呼吸综合征灭活苗 4 毫升。

④肌内注射猪伪狂犬病弱毒苗 2 头份。

2. 疫(菌)苗使用方法

疫(菌)苗和类毒素是属于生物药品类,用细菌制成的叫菌苗,用病毒制成的叫疫苗,用细菌毒素制成的叫类毒素。疫(菌)苗又分为死疫(菌)苗和活疫(菌)苗,应用于预防传染病的发生。免疫血清是用病毒、细菌或细菌毒素多次大剂量给动物注射,使动物体产生对这种病原微生物的抗体后所获得的血清制品,给动物注射后能很快获得免疫力。

疫苗、菌苗、类毒素和抗病血清都是特殊的生物药品,不同于普通的化学药品。其化学成分多为蛋白质,有些制品还是活的微生物。因此,它们容易被光和热所破坏,保存和运输要严格遵照生物药品厂的要求来做,一般应注意以下几点。

(1)疫(菌)苗应保存在干燥阴凉处,避免阳光照射。温度对生物制品的影响特别重要,高温容易损害疫(菌)苗和血清的效能,最适宜的保存温度是2～8℃,有些制品需要在低温下保存,才能更好地保持它的效力。如干燥猪瘟免化弱毒疫苗在0～8℃下能保存6个月,而在10～25℃时,最多不超过10天就会失效。而猪肺疫氢氧化铝最低不得低于零度,冻结后不能使用。

(2)运输活苗(疫苗、菌苗)时,应将疫(菌)苗装入有冰的广口保温瓶中,途中避免日晒和高温,尽快送到目的地,缩短运输时间,大量运输需用冷藏车。

(3)接种疫(菌)苗前,应对当地动物疫病的发生和流行情况有所了解,针对流行情况,拟定本场户每年的预防接种计划,制订符合实际的免疫程序。

(4)预防接种前,应了解当地有无疫情。有疫情时,应对尚未发病的动物进行紧急免疫接种。如无疫情,则按原计划进行定期免疫接种。瘦弱、有慢性病、怀孕后期或饲养管理不良的猪不宜接种。

(5)使用疫苗前,要看清疫苗是否为国家批准生产的疫苗及疫苗的生产日期和失效日期,了解储运的时间和方法。凡疫苗瓶子有裂纹,瓶塞松动,色泽、物理性状等与说明书不一致的药品不能使用。各种疫(菌)苗保存和运输的温度均应遵照说明书的要求,严防日晒和高温,特别是冻干苗,要求低温保存,氢氧化铝、生理盐水等稀释液及乳油剂苗不能冻结,否则会失去效力。

(6)要仔细阅读疫苗使用说明书,检查说明书与瓶签是否相符,明确疫苗瓶内装量、稀释液、稀释度、每头(只)剂量、使用方法及有关注意事项。使用疫苗时应登记疫苗批号、注射日期及动物数量，并保存同批样疫苗2瓶。

(7)注射疫苗时要做好充分的消毒准备，针头、注射器、镊子等必须事先消毒，准备好，酒精棉球需在48小时前准备。免疫时，每注射1头猪要换1枚针头，以防带毒、带菌。同时，在猪群免疫注射前后，还要避免大搞消毒活动和使用抗菌药物。

(8)接种弱毒疫(菌)苗时前1周和注射后10天，不得饲喂或注射任何抗菌类药物。液体疫苗使用前应充分摇匀，每次吸苗前再充分摇匀。冻干苗加稀释液后，充分振摇，待全部溶解方可使用。

(9)有的疫苗能引起过敏反应，若发生严重过敏反应时，应立即以肾上腺素等药物脱敏，以免引起死亡。活疫苗做饮水免疫时，不得使用含氯等消毒剂的水，忌用对微生物活性有危害的容器做饮水免疫。

(10)免疫接种工作结束后，应立即用清水洗手并消毒，剩余药液及疫苗瓶应以燃烧或煮沸等方法消毒处理，不得随处乱扔。接种疫苗期间，应严格控制环境卫生，因为接种后需5～7天(油苗需15天左右)才能产生抗体，此期间环境不清洁，可能造成尚未完全产生免疫力之前感染强毒而导致免疫失败。

(11)疫苗是一种弱病毒，能引起母猪流产、早产或死胎。对繁殖母猪，最好在配种前1个月注射疫苗，既可防止母猪在妊娠期内因接种疫苗而引起流产，又可提高出生仔猪的免疫力。

(12)免疫接种最好上午进行，便于连续观察。若接种后，猪只出现颤抖、抽搐、口吐白沫、皮肤充血时，立即肌注地塞米松、肾上腺素或可的松三者中的1种。

3. 免疫失败的原因及对策

在对猪进行免疫接种疫苗后，有时仍不能控制传染病的流行，即发生了免疫失败，引起免疫失败的原因主要有以下几个方面。

(1)猪只本身免疫功能失常，免疫接种后不能刺激猪体产生特异性抗体。

(2)母源抗体的干扰，母源抗体能干扰疫苗的抗原性，因此在使用疫苗前，应该充分考虑猪体内的母源抗体水平，必要时要进行检测，避免这种干扰。

(3)没有按规定免疫程序进行免疫接种，使免疫接种后达不到所要求的免疫效果。

(4)猪只有病，正在使用抗生素或免疫抑制药物进行治疗，造成抗原受损或免疫抑制。

(5)疫苗在采购、运输、保存过程中方法不当，使疫苗本身的效能受损。

(6)在免疫接种过程疫苗没有保管好或操作不严格，或疫苗接种量不足。

(7)制备疫苗使用的毒株血清型与实际流行疾病的血清型不一致，也不能达到良好的保护。

(8)在免疫接种时，免疫程序不当或同时使用了抗血清。

总之，免疫失败原因很多，要进行全面的检查和分析，为防止免疫失败，最重要要做到正确使用疫苗及严格按免疫程序进行免疫。

七、预防用药及保健

根据疫病发病规律和猪日(月)龄进行预防性投药,对控制细菌病或混合感染具有重要价值。

1. 初生仔猪(0～6 日龄)

预防母源性感染(如脐带、产道、哺乳等感染),主要针对大肠杆菌、链球菌等,推荐用药如下:

(1)恩诺沙星、洛美沙星或环丙沙星注射液,每千克体重2.5～5 毫升,每日 1 次,连用 2～3 天,若为长效制剂,只需注射 1 次。

(2)氨苄青霉素,每千克体重 20 毫升,肌注 1～3 次。若为长效制剂,只需注射 1 次。

(3)微生态制剂(益生素):如赐美健、调利生、促菌生、乳康生、痢速康等。如赐美健,新生仔猪吃奶前(1 克＋水 10 毫升),每头 1 毫升灌服,第七天再重复 1 次(参照说明)。

(4)2～3 日龄:含铁、硒生血素,补铁硒,每头 1 毫升,肌注。

2. 7～10 日龄

目的是对仔猪开食时控制水平感染,推荐药物如下。

(1)恩诺沙星、洛美沙星、氧氟沙星和环丙沙星,每千克料拌药 100 毫升,或每千克体重 50 毫克饮水,或每千克体重肌注 5 毫升。连用 3 天,长效制剂只注射 1 次。

(2)痢菌净,每千克料拌药 150 毫升,母子共喂 3 天。

3. 15～30 日龄

预防气喘病和大肠杆菌病等,推荐药物如下。

（1）土霉素碱粉，每千克料拌药150～300毫克，连喂1～2周。

（2）庆大霉素，每千克体重5毫克，肌内注射。

（3）沙星类，拌料或饮水、肌内注射。

（4）痢菌净，每千克料拌药50～100毫升。

（5）带猪消毒。

4．35日龄

预防断奶引起的应激和寄生虫病，推荐药物如下。

（1）土霉素碱粉、痢菌净、氟哌酸，每千克料拌药100毫克。

（2）左旋咪唑（或用伊维菌素），每千克体重5～8毫克，内服。

（3）电解多种维生素，速补14等拌饲或饮水，用于断奶前1天及断奶后5天。

（4）带猪消毒。

5．70日龄

预防猪气喘病、大肠杆菌病和寄生虫病，推荐药物如下。

（1）土霉素或强力霉素，每千克料拌药50～100毫克。

（2）伊维菌素或阿维菌素（虫克星）纯粉，按说明内服或肌内注射。

（3）2％敌百虫或0.1％速灭杀丁，体重15千克仔猪15毫升左右，35～40千克体重120～150毫升。不要喷入眼内及猪舍喷雾。

（4）带猪消毒。

6. 育肥或后备猪

目的是预防寄生虫和促进生长，推荐药物：如促长预混剂（按说明拌料）；自配料可添加阿散酸（50～100）$\times10^{-6}$，或添加奎乙醇 50$\times10^{-6}$等。驱虫用药，方法同上。

7. 成年猪（公母猪）

（1）后备、空怀猪和种公猪，每年选 1 种驱虫药（敌百虫、左旋咪唑、伊维菌素、阿维菌素）驱虫 1 次。

（2）预防气喘病等，可在分娩前 15 天到分娩后 40 天，土霉素拌饲料 300$\times10^{-6}$。

（3）预防子宫炎，可在分娩当天肌注青霉素，每千克体重 1 万～2 万单位，链霉素每千克体重 100 毫克，或氨苄青霉素每千克体重 20 毫克，肌内注射，或用庆大霉素每千克体重 2～4 毫克，肌内注射。

八、应激的防止

猪的应激是养猪生产过程中不可避免出现的问题，应激造成的危害既有单一的，也有综合的，且其影响是多方面的。如能针对不同的具体情况，妥善做好各项预防措施，必将大大降低应激引起的损失。

1. 应激源

凡能引起机体出现应激反应的刺激源，称为应激源。

（1）饲养管理因素：包括监禁、密饲、捕捉、转群与运输、争斗、营养不良、免疫接种、去势、打耳标、断尾等。

（2）环境因素：包括酷暑、严寒、强辐射、低气压、有毒有害气体、尘埃、湿气、强风与贼风、噪声等。

(3)微生物感染因素:细菌、病毒、寄生虫、支原体及衣原体等。

(4)其他人为因素:如对生产性能的强度利用、对机械和设备不适等。

2. 应激的危害

(1)免疫力低下:在应激的情况下,导致胸腺、脾脏和淋巴组织萎缩,使嗜酸性白细胞、T淋巴细胞、B淋巴细胞的产生和分化及其活性受阻,血液吞噬活性减弱,体内抗体水平低下,从而抑制了机体的细胞免疫和体液免疫,导致机体免疫力下降、抗病力减弱。大肠杆菌、巴氏杆菌等细菌迅速繁殖,毒力增强,侵入血液,引起猪胃溃疡、菌血症、倒毙综合征等。

(2)生产性能降低:应激时,机体必须动员大量能量来对付应激源的刺激,而使机体蛋白质、碳水化合物、脂肪等分解代谢增强,合成代谢降低,糖皮质激素分泌增加,导致生长停滞、体重下降、饲料转化率降低,表现为运输过程中及候宰期间严重掉膘。

(3)繁殖力下降:应激可使卵泡激素、促乳激素等分泌减少;幼猪性腺发育不全,成年猪性腺萎缩、性欲减退、精子和卵子发育不良;并可影响受精卵着床及胎儿发育,造成早期吸收、流产、胎儿畸形或死胎。

(4)在高密度饲养的情况下会引发同类相残的行为。

(5)在长途运输的过程中,容易使猪发生急性支原体肺炎、日射病、热射病等,表现为精神沉郁、体温升高、呼吸加快、黏膜发绀、肌肉震颤、口吐泡沫或呕吐引起死亡。

(6)猪肉品质降低。

3. 减少应激效应的措施

(1)不同品种的猪对应激的敏感性不同,购买、引进猪苗时,应注意挑选抗应激性能强的品种。

(2)猪舍建筑结构要科学合理,改善舍内小环境条件。

(3)根据猪只的不同生长期,科学地配给日粮饲料营养水平要能满足动物的需要,定时、定量饲喂。不喂发霉变质饲料,饮水要清洁消毒,饲槽及水槽设施充足,注意卫生,避免抢食争斗及采食不均。同时可在以下方面做好工作。

①适量的碳水化合物和脂肪:在生长猪日粮中加入2%植物油,并相应降低碳水化合物的含量,从而可以减少猪体增热,减轻猪的散热负担,可缓解高温应激。

②合理的蛋白质和氨基酸:有报道认为平衡氨基酸、降低粗蛋白摄入量是缓解猪热应激的重要措施。喂给赖氨酸代替天然的蛋白质对猪有益,因为赖氨酸可减少日粮的热增耗。炎热气候条件下,若以理想蛋白质为基础,增加日粮中赖氨酸含量,饲料转化率得到改进,猪生产性能、胴体品质与常规日粮相比,无显著差异。

③添加维生素:炎热天气,在每150千克饲料中添加100克应激素,有助于降低热应激对精子质量和受精率的影响;可调节猪体内物质代谢,增强免疫功能,提高抗应激能力,降低育肥猪在热应激时的体温和呼吸次数,并可有效改善育肥猪的生产性能;还可起到有效预防因缺乏维生素E而发生的腹泻。

④使用微量元素:补铬对抗应激、提高生产性能、调节内分泌功能、影响免疫反应及改善胴体品质均具有一定作用;铜具有抗微生物特性,而且铜与抗菌剂合用可起到协同作用;仔

猪日粮中添加砷制剂能有效地控制腹泻,增重;硒是畜禽体内谷胱甘肽过氧化酶的组成成分,通过此酶把过氧化物变成无害的醇类,以防止细胞脂膜的不饱和脂肪酸受过氧化物的侵害,添加有机硒有积极效果。

⑤药物防治应激:为了提高机体的抗应激能力,防治应激,可通过饲料和饮水或其他途径给予抗应激药物。

九、粪尿处理与利用

妥善处理猪场粪污,可避免对环境造成污染,同时,将其作为再生资源利用,变废为宝。

1. 粪尿清理

粪尿处理与利用要从猪场建设和管理中入手。清粪方式应选择干清粪,即采取粪、尿(污水)分流,干粪集中人工收集运出舍外统一用于种植业,尿及冲洗栏舍的污水经粪沟流入污水处理设施净化处理,尽量防止固体粪便与尿及污水混合,以简化粪污处理工艺及设备,且便于粪污的利用。其方法可采用有一定坡度的实体地面猪床、低处设污水沟(明沟或上盖铁箅子)的猪栏设计。

有条件的猪场产房和仔猪舍可采用网床,其他猪群采用缝隙地板,其下可不设水冲或水泡的粪沟,而设清粪通道及排粪沟,网床及缝隙地板靠排粪沟一侧用水泥柱支撑,网床或缝隙地板下的地面设10%的坡度,尿和水由网或缝隙地板落下,沿斜坡流入排粪沟,再由沟底最低处的侧地漏经地下排污系统排至污水处理场;漏下的粪便则留在斜坡上,用与粪沟同宽的耙子将其淘入粪沟,再推至单元墙外的集粪池,再及时推至粪处理场。

为了便于掏粪，网床或缝隙地板下的有效操作高度以0.5米左右为宜，故清粪通道的标高应比饲喂通道低0.5～0.8米。这种设计不但避免了上述实体地面干清粪存在的问题，又使饲养员不必推粪车去粪便处理场，避免了由此途径引起的单元间、猪舍间的交叉感染。

2. 粪污处理

规模化猪场产生的粪尿处理方法主要有物理、化学和生物方法。其中生物方法是对规模化猪场粪尿进行处理的一种比较有效的方法，它主要依靠微生物对畜粪污水中有机物的降解作用，来降低畜粪对环境的污染程度，包括厌氧生物处理和好氧生物处理。通过厌氧生物处理，可大量除去可溶性有机物(去除率可达85%～90%)，而且可杀死传染性病菌，有利于防疫，这是物理处理方法如固液分离或沉淀等不可取代的；好氧生物处理在于粪便用于农田或排入河道之前的气味控制及降解有害物质。猪粪尿及其污水的处理必须要综合采取以上几种方法，处理后才能较有效的达到排放标准，使综合处理与综合利用相互结合。

(1)物理处理法：主要利用物理作用，将污水中的有机物、悬浮物、油类及其他固体物质分离出来。

①过滤法：主要是污水通过具有孔隙的过滤装置以达到使污水变得澄清的过程。这是猪场污水处理工艺流程中必不可少的部分。常用的简单设备有格栅或网筛。猪场过滤污水采用的格栅由一组平行钢条组成，略斜放于污水通过的渠道中，用以清除粗大漂浮和悬浮物质，如饲料袋、塑料袋、垫草等，以免堵塞后续设备的孔洞、闸门和管道。

②沉淀法：利用污水中部分悬浮固体密度大于1的原理

使其在重力作用下自然下沉并与污水分离的方法，这是污水处理中应用最广的方法之一。沉淀法可用于在沉沙池中去除无机杂粒；在1次沉淀池中去除有机悬浮物和其他固体物；在2次沉淀池中去除生物处理产生的生物污泥；在化学絮凝法后去除絮凝体；在污泥浓缩池中分离污泥中的水分，使污泥得到浓缩。

③固液分离法：这是将污水中的固性物与液体分离的方法，可以使用固液分离机。目前，常见的分离机有旋转筛压榨分离机和带压轮刷筛式分离机，其他的还有离心机、挤压式分离机等。

(2)化学处理法：是利用化学反应的作用使污水中的污染物质发生化学变化而改变其性质，最后将其除去。

①絮凝沉淀法：这是污水处理的一种重要方法。污水中含有的胶体物质、细微悬浮物质和乳化油等，可以采用该法进行处理。常用的絮凝剂有无机的明矾、硫酸铝、三氯化铁、硫酸亚铁等，有机高分子絮凝剂有十二烷基苯磺酸钠、羧甲基纤维素钠、聚丙烯酰胺、水溶性脲醛树脂等。在使用这些絮凝剂时还常用一些助凝剂，如无机酸或碱、漂白粉、膨润土、酸性白土、活性硅酸和高岭土等。

②化学消毒法：猪场的污水中含有多种微生物和寄生虫卵，若猪群暴发传染病时，所排放的污水中就可能含有病原微生物。因此，采用化学消毒的方式来处理污水就十分必要。经过物理、生物法处理后的污水再进行加药消毒，可以回收用做冲洗圈(栏)及一些用具，节约了猪场的用水量。目前，用于污水消毒的消毒剂有液氯、次氯酸、臭氧和紫外线等，以氯化消毒法最为方便有效，经济实用。

(3)生物处理法:是根据微生物呼吸过程的需氧要求可分为好氧处理和厌氧处理2大类,也可根据是否利用自然资源分为自然生物处理法和工厂化生物处理法。

①氧化塘:是将自然净化与人工措施结合起来的污水生物处理技术。主要是利用塘内细菌和藻类共生的作用处理污水中的有机污染物。污水中的有机物有细菌进行分解,而由细菌赖以生长、繁殖所需的氧,则由藻类通过光合作用来提供。根据氧化塘内溶解氧的主要来源和在净化作用中起主要作用的微生物种类,可分为好氧塘、厌氧塘、兼性塘和曝气塘4种。氧化塘可利用旧河道、河滩、无农用价值的荒地、防疫沟等,基建投资少。氧化塘运行管理简单、费用低、耗能少,可以进行综合利用,如养殖水生动植物,形成多级食物网的复合生态系统。但氧化塘占地面积较大,处理效果受气候的影响,如越冬问题和春、秋翻塘问题等。如果设计、运行或管理不当,可能形成2次污染,如污染地下水或产生臭气。因此,氧化塘的面积与污水的水质、流量和塘的表面负荷等有关,须经计算确定。

②活性污泥法:由无数细菌、真菌、原生动物和其他微生物与吸附的有机物及无机物组成的絮凝体,称为活性污泥,其表面有一层多糖类的黏质层。活性污泥有巨大的表面能,对污水中悬浮态和胶态的有机颗粒有强烈的吸附及絮凝能力,在有氧气存在的情况下,其中的微生物可对有机物发生强烈的氧化分解作用。利用活性污泥来处理污水中的有机污染物的方法,称为活性污泥法。该法的基本构筑物有生物反应池(曝气池)、二次沉淀池、污泥回流系统及空气扩散系统。

③厌氧生物处理法:它相当于沼气发酵。根据消化池运

行方式的不同,可分为传统消化池和高速消化池。传统消化池投资少、设备简单,但消化速率较低,消化时间长,易受气温的影响,污水须在池内停留 30～90 天,多为南方小规模养殖场和养殖专业户采用。高速消化池设有加热和搅拌装置,运行较为稳定,在中温(30～35℃)条件下,消化期约 15 天,常被大型养殖场广泛采用。近年来根据沼气发酵的基本原理,发展出一种填充介质沼气池,如上流式厌氧污泥床、厌氧过滤器等。其特点是加入了介质,有利于池中微生物附着其上,形成菌膜或菌胶团,从而使池内保留有较多的微生物量,并能与污水充分接触,可提高有机物的消化分解效率。

3. 粪污利用

猪粪通常有 2 种利用方式,一种用做肥料,另一种作为能源物质,如生产沼气等。尿和污水经净化处理后作为水资源或肥料重新利用,如用于农田灌溉或鱼塘施肥。

猪场不同的清粪工艺,对粪污的后处理影响较大,采用粪尿分离方式,污水量小,粪含水量较低,粪和污水都容易处理;采用水冲清粪或粪尿混合方式,污水量大,粪污稀,需经固液分离后,再分别处理,处理难度大。

(1)用做肥料:猪场粪污的最佳利用途径是作肥料还田,粪肥还田可改良土壤,提高作物产量,生产无公害绿色食品,促进农业良性循环和农牧结合。猪粪用做肥料时,有的将鲜粪做基肥直接施入土壤,也可将猪粪发酵、腐熟堆肥后再施用。为防止鲜粪中的微生物、寄生虫等对土壤造成污染,以及为提高肥效,粪便应经发酵或高温腐熟处理后再使用。

自然堆肥是腐熟堆肥过程也就是好气性微生物分解粪便中有机物的过程,分解过程中释放大量热能,使肥堆温度升高,一般可达60～65℃,可杀死其中的病原微生物和寄生虫卵等,有机物则大多分解成腐殖质,有一部分分解成无机盐类。

腐熟堆肥必须创造适宜条件,堆肥时要有适当的空气,如粪堆上插秸秆或设通气孔保持良好的通气条件,以保证好气性微生物繁殖。为加快发酵速度,也可在堆底铺设送风管,头20天经常强制送风;同时应保持60%左右的含水量,水分过少影响微生物繁殖,水分过多又容易造成厌氧条件,不利于有氧发酵。另外,须保持肥料适宜的碳氮比(26～35)∶1,若碳比例过大,分解过程缓慢,过低则使过剩的氮转变成氨而散失掉。鲜猪粪的碳氮比约为12∶1,若碳的比例不足,可加入秸秆、杂草等来调节碳氮比。

自然堆肥效率较低,占地面积大,目前已有各种堆肥设备(如发酵塔、发酵池等)用于猪场粪污处理,效率高、占地少、效果好。

(2)生产沼气:固态或液态粪污均可用于生产沼气。沼气是厌气微生物(主要是甲烷细菌)分解粪污中含碳有机物而产生,沼气是一种混合气体,其中甲烷约占60%～75%,二氧化碳占25%～40%,还有少量氧、氢、一氧化碳、硫化氢等气体。沼气可用于照明、做燃料等,发酵后的沼渣再用做肥料。厌氧发酵过程中也可杀死病原微生物和寄生虫。

在我国推广面积较大的是常温发酵,因此,大部分地区存在低温季节产气少,甚至不产气的问题。此外,用沼液、沼渣施肥、施用和运输不便,并且因只进行沼气发酵一级处理,往往不能做到无害化,有机物降解不完全,常导致2次污染。如果用产生的沼气加温,进行中温发酵,或采用高效厌氧消化池,可提高产气效率,缩短发酵时间,对沼液用生物塘进行2

次处理,可进一步降低有机物含量,减少 2 次污染。

十、猪场鼠虫的控制

1. 灭鼠

猪场的鼠害十分普遍,损失也相当严重,表现在盗食饲料、毁坏器物、传播疾病等。因此,灭鼠是猪场一项重要的、长期的和艰巨的任务。

(1)防止鼠类进入建筑物:鼠类多从墙基、天棚、瓦顶等处窜入室内,在设计施工时注意墙基最好用水泥制成,碎石和砖砌的墙基,应用灰浆抹缝。墙面应平直光滑,防鼠沿粗糙墙面攀登。砌缝不严的空心墙体,容易使鼠隐匿营巢,要填补抹平。为防止鼠类爬上屋顶,可将墙角处做成圆弧形。墙体上部与大棚衔接处应砌实,不留空隙。用砖、石铺设的地面,应衔接紧密并用水泥灰浆填缝。各种管道周围要用水泥填平。通气孔、地脚窗、排水沟(粪尿沟)出口均应安装孔径小于 1 厘米的铁丝网,以防鼠类窜入。

(2)器械灭鼠:该方法简单易行,效果可靠,对人、畜无害。灭鼠器械种类繁多,主要有夹、关、压、卡、翻、扣、淹、黏等。近年来,还采用电灭鼠和超声波灭鼠等方法。

(3)化学灭鼠:效率高、使用方便、成本低、见效快,缺点是能引起人、畜中毒,有些鼠对药剂有选择性、拒食性和耐药性。所以,使用时需选好药剂和注意使用方法,以保证安全有效。灭鼠药剂种类很多,主要有灭鼠剂、熏蒸剂、烟剂、化学绝育剂等。鼠尸应及时清理,以防被畜误食而发生 2 次中毒。选用鼠长期吃惯了的食物做饵料,突然投放,饵料充足,分布广泛,以保证灭鼠的效果。

2. 灭昆虫

猪场易孳生蚊、蝇等有害昆虫，骚扰人、畜和传播疾病，给人、畜健康带来危害，应采取综合措施杀灭。杀虫、驱虫的方法很多，如拍、打、压、砸、捕、黏以及使用毒饵、毒药等。有的猪场采用黑光灯灭蝇、蚊（黑光灯是一种特制的电光灯，灯光为紫色，苍蝇有趋向这种光的特性，当飞扑触及到带有正负电极的金属网时，即被电击而死）。也可使用蝇毒磷（0.05%乳剂）、敌百虫（1%水溶液）、除虫菊（0.2%煤油溶液）喷洒。也可将药液掺入食物制成毒饵或制成熏烟剂。但要注意防止人、畜中毒。也有的单位使用捕蝇笼，或在猪舍安装纱门、纱窗，防止蚊、蝇飞入等。

（1）环境卫生：搞好猪场环境卫生，保持环境清洁、干燥，是杀灭蚊蝇的基本措施。蚊虫需要在水中产卵、孵化和发育，蝇蛆也需在潮湿的环境及粪便等废弃物中生长。因此，填平无用的污水池、土坑、水沟和洼地。保持排水系统畅通，对阴沟、沟渠等定期疏通，勿使污水储积。对贮水池等容器加盖，以防蚊蝇飞入产卵。对不能清除或加盖的防火贮水器，在蚊蝇孳生季节，应定期换水。永久性水体（如鱼塘、池塘等），蚊虫多孳生在水浅而有植被的边缘区域，修整边岸，加大坡度和填充浅塘，能有效地防止蚊虫孳生。猪舍内的粪便应定时清除，并及时处理，贮粪池应加盖并保持四周环境的清洁。

（2）化学杀灭：它是使用天然或合成的毒物，以不同的剂型（粉剂、乳剂、油剂、水悬剂、颗粒剂、缓释剂等），通过不同途径（胃毒、触杀、熏杀、内吸等），毒杀或驱逐蚊蝇。化学杀虫法具有使用方便、见效快等优点，是当前杀灭蚊蝇比较好的方法。

①马拉硫磷:为有机磷杀虫剂,它是世界卫生组织推荐用的室内滞留喷洒杀虫剂,其杀虫作用强而快,具有胃毒、触毒作用,也可作熏杀,杀虫范围广,可杀灭蚊、蝇、蛆、虱等,对人、畜的毒害小,故适于畜禽舍内使用。

②敌敌畏:为有机磷杀虫剂,具有胃毒、触毒和熏杀作用,杀虫范围广,可杀灭蚊、蝇等多种害虫,杀虫效果好。但对人、畜有较大毒害,容易被皮肤吸收而中毒,故在畜舍内使用时,应特别注意安全。

③合成拟菊酯:是一种神经毒药剂,可使蚊蝇等迅速呈现神经麻痹而死亡。杀虫力强,特别是对蚊的毒效比敌敌畏、马拉硫磷等高 10 倍以上,对蝇类,因不产生抗药性,故可长期使用。

十一、病死猪的无害化处理

病死猪,尤其是患传染病及寄生虫病的病死猪,不仅对经济造成一定的损失,同时对养猪业及人类的生存具有很大毁灭性和威胁性。例如,猪瘟是由猪瘟病毒引起的一种高度传染性和致死性的疾病,传播快,死亡率极高,对猪场具有毁灭性。口蹄疫是人畜共患病,人感染以后出现低热、咽喉疼痛、口黏膜潮红,手、足、趾间皮肤出现水疱,严重者危害心脏。猪囊尾蚴感染人后,引起全身肌肉疼痛,严重者引起脑水肿,甚至死亡。

1. 病死猪无害化处理的原则

(1)消毒要彻底:发现病、死猪,立即诊断,疑似为传染病时,对被污染的场地及病、死猪的排泄物要进行彻底消毒。硬化场地的消毒可使用(1%～3%)氢氧化钠、(10%～20%)石灰乳等，没有硬化的地面，暂时停用，深翻后，浇洒20%石灰乳或10%～20%漂白粉。排泄物深埋烧毁或发酵消毒。

(2)隔离要及时：疑似为传染病、寄生虫病的猪，如有治疗价值或治愈希望，及时将其隔离，用专人饲养，不得随意出入。

(3)急宰、深埋、焚烧：没有治愈希望、治疗价值，且不经肉感染人或不感染人的病猪，进行急宰，肉及内脏经高温蒸煮后再利用。死亡猪或经肉能感染人的病猪应深埋或焚烧。

2. 病死猪无害化处理的方法

(1)深埋

①深埋点应远离居民区、水源和交通要道，避开公众视野，清楚标示。

②坑的覆盖土层厚度应大于1.5米，坑底铺垫生石灰，覆盖土以前再撒一层生石灰。坑的位置和类型应有利于防洪。

③病死猪尸体置于坑中后，浇油焚烧，然后用土覆盖，与周围持平。填土不要太实，以免尸腐产气造成气泡冒出和液体渗漏。

④饲料、污染物等置于坑中，喷洒消毒剂后掩埋。

(2)焚化、焚烧

①疫区附近有大型焚尸炉的，可采用焚化的方法。

②处理的尸体和污染物量小的，可以挖1.5米深的坑，浇油焚烧。

(3)发酵：饲料、粪便可在指定地点堆积，密封发酵。

以上处理应符合环保要求，所涉及的运输、装卸等环节要避免撒漏，运输装卸工具要彻底消毒。

第二节　猪的健康检查

及时而准确的疾病诊断是预防、控制和治疗猪病的重要前提和环节，要达到快速而准确的诊断，需要具备全面而丰富的疾病防治和饲养管理知识，运用各种诊断方法，进行综合分析。猪病的诊断方法有多种，而实际生产中最常用的是临床检查技术、病理学诊断技术和实验室诊断技术。各种猪病的发生都有其自身的特点，只要抓住这些疾病的特点运用恰当的诊断方法就可以对疾病做出正确的诊断。

一、猪的保定

在对猪病的诊疗过程中，患猪保定非常重要，特别是在静脉输液，外科处理等需要较长时间处理时显得更为关键。常用的保定方法主要有以下几种，可根据防病、治病的目的和猪体大小灵活应用。

1. 起立保定

用于幼猪。两手抓住两耳，向上提举，腹部向前，两腿夹住猪的背腰，使猪两后腿着地。

2. 后肢提起保定

用于幼猪。两手握住两后肢关节，使其腹部向前，呈悬倒立，也可用两腿将猪背部夹住固定。

3. 猪群站立保定

用于防疫注射和治疗注射。将仔猪赶至圈（栏）舍的一角，互相拥挤，用木板或栅栏把仔猪堵住，1 个也不可漏掉。

4. 绳套保定

用于大猪和性情凶猛的母猪。用 1 条粗细适宜的绳子，一端做成一个活节的绳套，绳的另一端从套中穿过，再从口腔套在猪的上腭上，用力将绳子拉紧，然后，把绳子拴在柱子上或猪圈（栏）门上，把头部稍高提一些，因上腭疼痛而后坐不动。

5. 横卧保定

用于中母猪和大母猪。一人抓住猪 1 条后腿，另一个握住猪的耳朵，2 人同时向同一侧用力将猪放倒；一人按压猪头颈部，另一人用绳拴住四肢加以固定。

6. 绳床保定

将猪放在绳床上，使猪的四肢穿过绳眼，向下悬空，再用 2 条绳适当固定猪的背腰部，这种方法简单易行。

二、临床症状诊断

猪只的生理活动是非常自然、有规律的，如发现异常现象就应引起注意。

1. 症状检查

（1）看精神：如猪精神不振，两眼无神，有眼屎，行走摇摆，或常趴在墙脚不动，为病猪。

（2）看眼睛：健康猪眼睛明亮有神，结膜粉红。如果结膜苍白则可能患有某种血液病或营养不良；如果结膜潮红，眼屎较多，说明体温偏高，可能患有某种炎性疾病；如果结膜发绀（蓝紫色），则可能患有中毒性疾病，或传染病的后期，血液循环发生了障碍；如果眼睑水肿，且在断奶前后，则可能患有仔猪水肿病。

(3)看食欲:健康猪只食欲旺盛,有一定的规律,患病的猪食欲不振,或食欲废绝,饮欲不佳,如果猪不吃料或只喝几口水,每天数次饮水,则可能患有热性疾病,如肠炎或慢性猪瘟等。

(4)看皮毛:健康猪皮毛光亮,皮肤白中透粉(白猪)。如发现猪只毛焦黄、逆立不洁,多是饲料配比不当,营养缺乏所致;如果皮肤颜色苍白、无血色,要考虑是否患有血液性疾病,如贫血等;如果皮肤上出现红色疹块,呈圆形或菱形,压之褪色,则可能因过敏引起,或患有猪丹毒;如果皮肤上有红色出血斑点,压之不褪色,则可怀疑患有猪瘟、链球菌病等。

(5)看粪便:健康猪粪便成团,松散。若粪便稀而干,色泽异常,则为病猪。粪便呈黄白色,且无血、无臭、无黏液,多为一般性腹泻;先便秘后腹泻或带血,多为急性胃肠炎或仔猪副伤寒;粪稀如水,且伴有较多的血液和黏膜,则为猪瘟;稀粪带血,猪体消瘦。

(6)看尿液:尿的颜色发红,则是尿道或肾脏有感染出血;尿的颜色深黄量少,则可能患有炎性疾病,如感冒、肠炎等或者患有传染病疾病。

(7)看异食:猪常有啃食泥块、炭块、树皮、地上的青苔等为病态。

(8)看鼻镜:健康猪只鼻镜湿润,常有微小汗珠,活动时尤为明显。如果发现猪鼻镜干燥甚至龟裂,则可能体温偏高,缺乏饮水,或患有某些炎性疾病或传染病;如果鼻中流出浆性或脓性鼻液,则可能患有感冒,或上呼吸道疾病;如果一侧鼻孔流出脓性鼻液,且脸面部歪向一侧,则可能患有传染性萎缩性鼻炎。

(9)看肛门:肛门周围不干净,被许多粪便污染的猪,均患有消化道疾病。

(10)看尾巴:健康猪尾巴卷起或左右摇摆不停。凡是尾巴下垂不动者,则为病猪。

(11)看呼吸:健康猪呼吸均匀。患感冒、发热、中毒、传染病等病猪,则呼吸表现异常,加快或呼吸困难。

(12)看口腔:猪只保定后,助手抓住猪的两耳,将猪的开口器平直伸入口角,然后压下开口器的手柄,使口张开。检查口腔时,应注意口腔色泽、温度、气味、唾液分泌,舌及牙齿的状态以及口腔黏膜的完整性等。

口腔黏膜发红、温度高、疼痛、肿胀、唾液多,无其他病理变化多为口炎;舌面上有糠麸状舌苔,同时臭味大,不吃食,多是胃炎;口舌发白、微发黄、耳鼻冷则为外感风寒。

(13)摸耳朵:健康猪对外界音响反应灵活,手摸耳根感温热。病猪耳会发热或发冷,耳朵不灵活。

2. 检查后的处理

(1)隔离:通过临床检查,对病猪或可疑病猪,进行隔离观察或治疗,当发现烈性传染病时,可将猪群划分为3类,分别进行处理。

①病猪:包括有典型的临床症状、类似症状,或经其他特殊检查呈阳性的病猪,这些猪是重要的传染源。若是烈性传染病,则应按国家有关的规定处理;如果是一般传染病,只需隔离即可。隔离舍应选择不容易散播病原、便于消毒和尸体处理的地方,若病猪的数量较多,可留在原地隔离。对于隔离舍要注意消毒,禁止闲人进出,加强对病猪的护理,对于危害

严重或没有治疗价值的猪，要及早淘汰。

②可疑感染猪：曾与病猪及其污染环境有过明显接触而又未表现出症状的猪，如同群、同圈（栏）或同槽进食的猪。这类猪可能正处于潜伏期，故应另选地方隔离观察，要限制人员随意进出，密切注视其病情的发展，必要时可进行紧急免疫接种或药物防治，至于隔离的期限，应根据该传染病的潜伏期长短而定。若在隔离期间出现典型的症状，则应按病猪处理；如果被隔离的猪只安康无恙，则可取消限制。

③假定健康猪：除上述2类外，在疫区或在同一猪场内不同猪舍的健康猪，都属此类。假定健康猪应留在原猪舍饲养，不准这些猪舍的饲养人员随意进入岗位以外的猪舍，同时对假定健康猪进行被动或主动免疫接种。

（2）封锁：根据我国兽医防疫条例的规定，对于猪瘟、口蹄疫、炭疽等传染病都要进行封锁，以防止疫情向安全区扩散。封锁是一种行政措施，要强制执行，因此必须由主管业务部门和地方政府下令，划定封锁的疫区范围，可分为3个区域：①疫点：即病畜所在的畜舍和运动场所；②疫区：病畜所在的牧场、养殖场或自然村；③威胁区：在疫区以外20～75千米以内的地方，还要根据地形、交通情况来划定。

执行封锁应掌握“早、快、小、严”的原则。

第一，在封锁区的边缘设立明显的标志，指明绕道路线，设置监督岗哨，禁止易感动物通过封锁线。在交通路口应该设立检疫消毒站，对必须通过的车辆、人员和非易感动物进行消毒检疫，以期将疫病消灭在疫区之内。

第二，在封锁区内采取的主要措施：①根据疫病的性质和病情，分别采取治疗、急宰、扑杀等处理，对污染的饲料、饲草、垫料、粪便、用具、畜舍场地、道路等进行严格的消毒，病死尸体应深埋或化制，并做好杀虫、灭鼠工作；②暂停集市和各种畜禽集散活动，禁止从疫区输出易感动物及其产品和污染的饲料、饲草等；③疫区内的易感动物应及时进行紧急接种，建立免疫带；④在最后 1 头病畜痊愈、急宰或扑杀后，经过一定的封锁期（根据该传染病的潜伏期而定），再无疫情发生时，经过全面的终末消毒后，方可解除封锁。封锁解除后，有些疾病的病愈家畜在一定时间内仍有带毒现象，因此对这些病愈家畜应限制其活动范围，特别应注意不能将其调到安全区去。

第三，受威胁区应采取的主要措施：①对受威胁区内的易感动物应及时进行预防接种，以建立免疫带；②管好本区内的易感动物，禁止进入疫区，并避免饮用从疫区流过来的水；③禁止从封锁区内购买牲畜、饲料和畜产品，即使从解除封锁不久的地区购买时，也要注意隔离观察和必要的无害化处理。

第四，对封锁区以外但较靠近疫区的猪场，要执行“双边封锁”，即一边是病畜群的封锁，另一边是健康畜群的封锁。对于规模化的猪场来说，即使在无疫病流行的安全地区，平时也应与外界处于严密隔离的状态下饲养，所不同的是，这种猪场内饲养的猪是可以自由调出的。

三、病理解剖诊断

有条件作实验室检查的可自己进行检查，若无条件可送到当地的动物检疫部门进行检疫（如畜牧部门、防疫部门等）。

（一）病理诊断流程

1. 外观检查

在剖检之前应先做全面的外观检查，包括皮肤的损伤（分布、颜色、形状、增生性病变、扁平的还是溃疡性的病变)、关节状况(肿胀、溃烂)、蹄及耳的状况(咬伤、坏死)等,将猪置左侧卧姿势。注意观察其脱水程度,判断其死亡时间,如角膜已混浊及腹下发绿,则无剖检价值。

2. 解剖过程

(1)从右侧腋下进刀,向前将切口延伸到下颌骨,向后沿腹中线右侧延伸到肛门。

(2)切断右侧肩胛骨下的肌肉及相邻的皮下组织,将前肢外展与躯体分离,检查腹股沟淋巴结和腋下淋巴结。

(3)切掉髋股关节周围的肌肉,检查关节液,将后肢外展。

(4)分离右膝上的皮肤和皮下组织,将刀从膝盖骨内侧刺入一定的深度后,用向外挑的方法水平切开膝关节,并打开右侧肩关节和跗关节。注意:如果在打开前一个关节揭示有脓毒症的变化(关节液增多、关节液浓稠浑浊、含纤维蛋白或滑膜突出等),则应尽可能清洁地打开下一个关节,用注射器或培养拭子采集关节液做培养。

(5)沿肋弓后缘剪开腹壁并沿腰旁延伸到达右侧骨盆,再在耻骨前缘横行切开腹壁。将腹壁翻向解剖人员一侧,检查腹腔是否有脓毒症的病变(腹水、浑浊液体、纤维素等)。

(6)剪开横膈膜,切除肋骨背缘和肋软骨连线的肌肉,用骨剪剪除肋软骨,将肋骨沿背缘剪断,并将肋骨与躯体分离。取一根肋骨,完全剥离附着其上的肌肉,将肋骨用力折断,粗略地估计猪骨骼的强度。

(7)细致地检查胸腔和腹腔,同时注意观察动物的营养状况。肌肉消耗明显,缺乏脂肪或存在脂肪的浆液性萎缩(呈明胶样),提示慢性病变,而急性病例营养充足。此时还可以检查新生仔猪的脐带。如果怀疑有菌血症，应无菌采集肝、脾和肺的组织块（3～4平方厘米），以防其后的操作过程造成污染。最后检查胃肠道系统。但如果临床症状提示胃肠道疾病（如新生仔猪腹泻），应先检查胃肠道系统，以免因其快速自溶而产生人为病变。

3. 系统检查

(1)头、颈和胸部：在原位切开心包膜检查包液是否增多，是否有纤维渗出和粘连。沿两侧下颌骨内侧切开口腔的肌肉和皮肤，用一个指头钩住舌头向后腹侧牵拉，切断其他的联结物，用刀或肋骨剪切断舌软骨，将舌往胸腔一端拉出，同时从颈部肌肉上分离出食道与气管，在靠近胸腔入口处抓住食道和气管并向后拉，切断心、肺与胸壁的所有连接物；将保持完整的舌头和胸腔器官拉出体外。检查口腔是否有损伤（腭裂、溃疡、糜烂、水疱等），如果需要，可采集咽旁的扁桃体作为检查样品。此时，可以用剪子或刀打开食道。

①肺脏：先仔细观察肺脏病变，并按压检查其弹性，注意观察有无实变，准确描述和记录其分布、大小、质地、颜色，并采集样品做组织学检查或微生物培养，以正确辨别疾病。然后用剪子剪开气管、支气管及以下的主干气体通道，切开肺脏，检查其切面，观察有无出血、气肿等变化。如果有特殊需要，有时可以用洗出法采集支气管肺泡液。此外，多种传染性疾病可以引起肺脏表面出现纤维性炎症、粘连和胸腔积液。

②心脏：主要检查心包有无积液，心脏表面是否有出血，脂肪浆液性萎缩和心腔增大。然后分别打开右心和左心房，检查心室和左侧房室瓣，观察有无异物。

(2)腹部：如果发现有与肠扭转相似的肠襻颜色改变或者

结肠膨胀，应仔细触诊病变部位和肠系膜，判断器官变位情况。然后，压迫胆囊观察其是否通畅。从直肠内挤出粪便，切断直肠并将其拉出腹腔外，牵拉直肠切断胃肠道和肠系膜根部与背侧体壁间的所有连接物，切断胃肝韧带及食道，将胃肠道拉出腹腔，放于一侧。

①肾脏：从两肾的前端找到肾上腺，取出后纵向切开，固定在福尔马林内。取出左右肾脏，去掉包膜，仔细观察其颜色，有无出血和坏死，然后纵向切开肾脏至肾盂处，仔细观察有无出血和肾盂肾炎。随机取 2 块 5 毫米厚的切块保存。

②肝脏：取下肝脏，检查其表面和多个切面，将有病变的部位取样，或随机取 2 块 5 毫米厚的切块保存。

③脾脏：胃旁取下脾脏做整体和切面检查。

④其他：根据需要，取出膀胱和生殖道，并对其进行检查。

(3)脑和眼：许多疾病侵害青年猪的中枢神经系统，但一般肉眼病变不明显，因而剖检时应注意采集样品，固定在福尔马林内，以备组织病理学检查。

①打开寰枕关节：分离头颈部的皮肤、肌肉和耳，横切颈部肌肉，暴露寰枕关节，从此处入刀，切断脊髓，向内、向下绕着寰枕关节切一圈，防止碰着骨头，将猪头靠在桌子边沿上，用一只手握住颈部，另一只手用力向下压，此时寰枕关节会大大地张开，剩余的联结物随即可被切断。

②打开颅盖：成年猪用屠锯或骨锯，幼年猪的颅盖很薄，用骨钳或骨剪即可打开。固定头部，确定额骨位置(新生仔猪靠近眼眶，成年猪稍靠后)，横向切开(第一切口)；第二个切口是从枕骨髁的内角切向第一个切口的外侧缘，这一切线与头颅的中轴约成 45°角，在另一边做同样的第二切口，然后轻轻

地撬开颅盖。

③取出脑组织:可手固定颅骨,将枕骨髁置于坚实的平面上敲,切断嗅束,随着脑慢慢移出,在颅穹隆腹侧面切断所有的脑神经。

④检查与取样:观察脑膜是否有脑膜炎,通常以在小脑和脑腹侧面表现最明显,呈白色-黄色病灶或有纤维素瘤和纤维束存在。如果临床症状提示有中枢神经系统疾病,则应采取带有脑膜的脑组织块做细菌学和病毒学检查。

(4)胃肠道系统:胃肠道系统在猪的疾病发生上具有重要地位,应做系统检查。首先沿胃大弯打开胃,观察食管部是否有糜烂或角化。然后,观察十二指肠、空肠、回肠和盲肠,根据需要,分别将肠管剪开,在翻动肠管时要小心,以防造成人为损伤,当发现有眼观病变时,应将其与邻近的无病变区同时取下送检。需要送检的肠段不要剪开肠管,长度为3～10厘米。如未发现明显病变,则应取一块胃组织、带有胰腺的十二指肠、近端和远端空肠,以及带有盲肠的空肠送检。同时,检查肠系膜淋巴结。

(5)骨骼和肌肉系统:主要检查运动性关节,观察有无关节炎。猪萎缩性鼻炎最常见的病变是腹鼻甲下褶萎缩,需要沿前臼齿水平线剪开鼻腔观察。

①骨髓炎较少见于猪,一旦侵袭则可以产生跛行或脊椎的病理性骨折,从而压迫脊髓。可在台锯上将骨纵向切开来观察病变。

②猪骨软骨病常见,但其临床意义不大。检查时可以选择股骨远端及肱骨的近端或远端关节面。

③多数肌病主要表现于心肌,一般不做骨骼肌检查,但猪

应激综合征的患猪会出现骨骼肌变白、多水和变软的现象(苍白、呈煮肉样或鱼肉样)。

(6)剖检记录:系统检查后,应及时对所有的病变做简要的描述性记录,并将记录复制1份随病料一起送去做组织病理学检查。记录时,不用诊断学术语,对病变不做出任何解释。如果能提出印象诊断或有疑问,可以单独描述。

(二)病料采集、保存

病料采集对是否能够做出正确诊断十分重要。第一,怀疑某种传染病时,则采取该病常侵害的部位;第二,提不出怀疑对象时,则采取全身各器官组织;第三,败血性传染病,如猪瘟、猪丹毒等,应采取心、肝、脾、肺、肾、淋巴结及胃肠等组织;第四,专嗜性传染病或以侵害某种器官为主的传染病,则采取该病侵害的主要器官组织,如狂犬病采取脑和脊髓,猪气喘病采取肺的病变部,呈现流产的传染病则采取胎儿和胎衣;第五,检查血清抗体时,则采取血液,待凝固析出血清后,分离血清,装入灭菌小瓶送检。

1. 病料的采集

(1)血样的采集:猪的皮下脂肪组织比较厚,静脉和动脉不容易接触到,所以猪的血样采集比较困难,可根据需要,选择不同采血方法。但如果采集血样的样品数比较多、血量又比较大,则必须掌握猪的前腔静脉和颈静脉采血技术。

①前腔静脉采血:根据猪的大小,选择站立提鼻法或手握前肢倒提法,进行保定。采血时,猪的站立位置相当重要,头要上举,身体要直,前肢向后伸。此时,颈静脉沟的末端刚好处于胸腔入口处前方所形成的凹陷处,将针从此凹陷处向对侧肩关节顶端刺入。多使用注射器采样。前腔静脉采血一般

选择右侧采血，因为右侧的迷走神经分布到心脏和膈的分支比左侧的少。如果正好刺伤迷走神经，猪会表现呼吸困难，全身发紫和抽搐。

②颈静脉采血：同前腔静脉采血一样，可将猪行站立保定，针从颈静脉沟刺入，以稍偏中线的方向向背侧直刺。

③头静脉采血：将猪仰卧保定，将两前肢稍后向外掰开即可从静脉内采集血样，该静脉在皮下清楚可见，以指压则怒张明显。

④耳静脉采血：用一橡皮带扎住耳基部使耳静脉怒张，迅速用注射器刺入以防静脉滚动。也可以用小刀将耳腹侧静脉切 1 个小口，用试管在此切口下采集自然流出的血样。

(2)内脏器官与组织样品的采集：结合病理剖检时进行。

①病理组织学检查样品的采集：除进行肉眼病变观察外，有时需要进行组织病理学观察，才能正确诊断。所以，临床上在进行病理剖检时，需要采集少量组织样品，并用 10%的中性缓冲福尔马林溶液固定，保存组织备用。组织学检查的病料的厚度以小于 5 毫米为宜(脑、脊髓和眼除外)。长度和宽度以 3 厘米×4 厘米大小为佳，组织与福尔马林的最佳体积比为 1∶10。10%的中性缓冲福尔马林溶液(1000 毫升)配置方法，是将 900 毫升水与 100 毫升 40%的甲醛溶液相混合，再加 6.5 克 Na_2HPO_4(磷酸氢钠)和 4 克 NaH_2PO_4(磷酸氢二钠)，混合均匀即可。

②病原学检查病料的采集：取新鲜实质器官样品，如肝、肺和淋巴结组织，切成片状，大小约 3～4 平方厘米，以便实验室技术员按无菌操作从组织块中央采样。肠管长约 6 厘米，结扎两端。样品组织应置于塑料袋中，贴上标签，冷藏保存和

运输。如果需要进行病毒学检查,样品组织可置于一个单独的容器内,冷冻保存。

③毒物学检查样品的采集:根据不同的可疑毒物而采集相应的病理组织,大小约 5 平方厘米。一般中毒时多采集胃内容物,以及肝、肾、尿、血清和饲料做毒物分析,但如有机磷中毒时应采脑组织做检验。采集的组织样品冷冻保存。

(3)其他样品的采集:采集粪便样品时最好戴上 1 次性手套直接从直肠里采取。粪样可留在翻转的手套中。扁桃体活组织采集方法比较特殊,需要借助开口器和组织刮取器,刮取少量组织。

采集皮屑,可以用解剖刀刮取皮屑至微微出血。将皮屑从皮肤上转移到玻片上或试管内,加入少量矿物油、10%氢氧化钾或甘油保存。

2. 病料保存

欲使实验室检查得出正确结果,除病料采取要适当外,还需使病料保持新鲜或接近新鲜的状态。如病料不能立即进行检验,或须寄送到外地检验时,应加入适量的保存剂。

(1)细菌检验材料的保存:将采取的组织块,保存于饱和盐水或 30%甘油缓冲液中,容器加塞封固。

①饱和盐水的配制:蒸馏水 100 毫升,加入氯化钠 38～39 克,充分搅拌溶解后,用数层纱布滤过,高压灭菌后备用。

②30%甘油缓冲溶液的配制:纯净甘油 30 毫升,氯化钠 0.5 克,碱性磷酸钠(磷酸氢二钠)1 克,蒸馏水加至 100 毫升,混合后高压灭菌备用。

(2)病毒检验材料的保存:将采取的组织块保存于 50%甘油生理盐水或鸡蛋生理盐水中,容器加塞封固。

①50%甘油生理盐水的配制:氯化钠8.5克,蒸馏水500毫升,中性甘油500毫升,混合后分装,高压灭菌备用。

②鸡蛋生理盐水的配制:先将新鲜鸡蛋的表面用碘酊消毒,然后打开,将内容物倾入灭菌的容器内,按全蛋9份加入灭菌生理盐水1份,摇匀后用纱布滤过,然后加热至56～58℃持续30分钟,第2日和第3日各按上法加热1次,冷却后即可使用。

(3)病理组织学检验材料的保存:将采取的组织块放入10%的福尔马林溶液或95%酒精中固定,固定液的用量须为标本体积的5～6倍以上,如用10%福尔马林固定,应在24小时后换新鲜溶液1次。严寒季节为预防组织块冻结,在送检时可将上述固定好的组织块取出,保存于甘油和10%福尔马林等量混合液中。

3. 病料送检

(1)病料的记录和送检单:送检单注明送料单位及地址;病猪品种、年龄、发病时间;采料时间、死亡时间、病料名称、编号、病料中有何种保存液;主要临床症状;病理剖解的主要变化;治疗情况;流行病学情况;送检的目的要求。

(2)病料包装:将装病料的容器加塞并蜡封,贴上标签,注明病料名称与编号。装入塑料袋内扎紧,装箱或放入加冰的广口保温瓶内送运。

(3)病料运送:为防止病原微生物死亡,应避免高温和日晒。为此可按每100克碎冰,加配33克食盐之比例,混合后放入装病料的保温瓶内,降温至21℃。如无冰块,可在保温瓶内加入冰水,并加等量的硫酸铵(化肥),搅拌,使其溶解,可使水温降至零下。夏季运送,若途中时间较长,应更换降温材料

1～3次。还可在保温瓶内放入氯化铵450克，再加水1500毫升，能保持零度达24小时之久。

第三节　猪的给药方法

兽药指用于预防、治疗、诊断畜禽等动物疾病，有目的地调节其生理机能并规定作用、用途、用法、用量的物质（含饲料药物添加剂），通常有液态、气态、固体、半固体4种形态。

一、兽用药物的剂量

药物剂量通常指防治疾病用量，因为药物要一定剂量被机体吸收后才能达到一定药物浓度，只有达到一定药物浓度才能出现药物作用。如果剂量过小体内不能获得有效浓度，药物就不能发挥其效用。但如果剂量过大超过一定限度，药物作用可出现质变对机体可能产生不同程度毒性。因此，要发挥药物效用同时又要避免其不良反应，就必须严格掌握用药剂量范围。

1. 剂量

（1）最小效量：药物达到开始出现药效的剂量。

（2）极量：指安全用药极限剂量。

（3）治疗量（常用量）：指临床常用剂量范围，它比最小效量要高又比药物极限量要低。

（4）最小中毒量：指药物已超过极量使机体开始出现中毒的剂量。

（5）中毒量：指大于最小中毒量使机体中毒剂量。

（6）致死量：引起机体死亡剂量。

(7)药物安全范围：是指最小效量与极量之间的范围，安全范围广药物其安全性大，安全范围窄药物其安全性小。

2. 药物剂量表示

(1)剂量计量单位

克(g)或毫克(mg)：固体、半固体剂型，药物常用单位。1000 克=1 千克，1000 毫克=1 克。

毫升(毫升)：液体剂型，药物常用单位。1000 毫升=1 升。

单位(U)、国际单位(IU)：某些抗生素、激素和维生素常用剂量单位。

(2)治疗剂量：治疗剂量包括 1 次量(即 1 次用量)、1 日量(即 1 日内应用数次总用量)及 1 个疗程治疗量(即持续数日、数周总用量)。

一般书籍、资料中治疗剂量多记载 1 次量，而 1 日量及 1 个疗程量如果没记载就必须根据药物特性、畜体特点(如日龄、品种、性别等)、机体对药物敏感程度及疾病严重程度等才能确定合理方案。

二、猪给药的方法

1. 注射法

给猪打针常用肌内注射、皮下注射、静脉注射和腹腔注射 4 种方法。

(1)肌内注射：是最常用的方法，注射部位选择在肌肉丰满、神经干和大血管少的颈部及臀部。注射时，针头直刺入肌内 2～4 厘米深，回吸无血，注入药液，注毕拔出针头。注射前后均应消毒，刺入时用力要猛，注药的速度要快，用力的方向应与针头一致，以防折断针头。

(2)皮下注射：将药液注入到皮肤与肌肉之间的组织内。注射部位可选择在皮薄而容易移动的部位，如大腿内侧、耳根后方等。注射时，左手捏起局部的皮肤，成为一皱褶，右手持注射器，由皱褶的基部刺入，进针 2～3 厘米，注毕拔出针头，注射前后均应消毒。当药液量大时，要分点注射。

(3)静脉注射：将药液注入静脉内，使之迅速发挥作用。注射部位常选择在耳背部大静脉。注射时，先用手指捏压耳部静脉管，使静脉充盈、怒张，然后手持连接针头的注射器，沿静脉管使针头与皮肤呈 30°～45°角，刺入皮肤及血管内，抽动活塞，见有回血，证明针头刺入了血管，松开耳根部压力，左手固定针头刺入的部位，右手拇指徐徐推动活塞，注入药液，注射完毕后，左手持棉球压针孔处，右手迅速拔针，防止血肿发生。

2. 投药法

猪的投药方法主要有混饲法、口投法和胃管投药法等。

(1)混饲法：对于还能吃食的病猪，而且药量少，又没有特殊的气味，可将药物均匀地混合在少量的饲料或饮水中，让猪自由采食。

(2)口投法：一人握住猪的两耳或两前肢，并提起前躯，另一人用木棍或开口器将嘴撬开，把药片、药丸或舐剂置于咽喉部。或用长嘴瓶子、汤匙伸入口角内，缓慢地倒入药液，咽下后，再灌第二次。要注意防止连续大量灌入或在嚎叫时投给，以防药液呛入气管。

(3)胃管投药法：用绳套住猪的上腭，用力拉紧，猪自然向后退。这时用开口器把猪嘴撑开，两手拉紧开口器的两端绳，勒紧两嘴角。胃管从开口器中央插入，胃管前端至咽部时，轻轻刺激，引起吞咽动作，便插入食道。判断方法是将橡皮球捏扁，橡皮球上端捏紧，当手松开橡皮球后，不再鼓起，证明橡皮管在食道内，再送胃管至食道深部，从漏斗进行灌药。

(4)经鼻投药法：将猪站立或横卧保定，要求鼻孔向上，紧闭嘴巴，把容易溶于水的药物溶于30～50毫升水中，再将药水吸入胶皮球中，慢慢滴入病猪鼻孔内，猪就一口一口地把药水咽下。这种方法简单易行，大小猪都可采用。量大或不溶于水的药物不宜采用此法。

(5)灌肠法：就是将无刺激性的药物灌入病猪直肠内，由直肠内黏膜予以吸收。当猪患口腔疾病不容易吞咽食物时，通常采用灌肠法给其补充营养。猪便秘时，也可以给其灌肠促进肠管内的粪便排出。治疗用的灌肠剂主要是用温水、生理盐水或1%的肥皂水。灌注营养物时，首先灌注温水，把病猪直肠内的粪便排除后，再灌注营养物质。具体做法是先把病猪保定好，将灌肠器涂上油类或肥皂水，再由肛门插入直肠，然后高举灌肠桶，使桶内的药液或营养液流入直肠。灌注以后，必须使病猪保持安静。当病猪有要排粪的表现时，立即用手掌在其尾根上部连续拍打几下，使其肛门括约肌收缩，防止药液或营养液外流。

三、兽药保管方法

1. 保管方法

(1)一般药品都应按兽药规范中该药“贮藏”项下的规定条件，因地制宜地贮存与保管。

①密闭:是指将容器密闭,防止灰尘和异物进入,如玻璃瓶、纸袋等。

②密封:是指将容器密封,防止风化、吸潮、挥发或者异物进入,如带紧密玻璃塞或木塞的玻璃瓶、软膏管等。

③熔封或严封:是指将容器熔封或以适宜材料严封,防止空气、水分侵入和防止污染,如玻璃安瓿等。

④遮光:是指用不透光的容器包装,例如棕色容器或用黑纸包裹的无色玻璃容器及其他适宜容器。

⑤干燥处:是指相对湿度在75%以下的通风干燥处。

⑥阴凉处:是指温度不超过20℃。

⑦凉暗处:是指避光并温度不超过20℃。

⑧凉处:是指温度2～10℃。

(2)根据药品的性质、剂型,并结合具体情况,采取“分区分类,货物编号”的方法妥善保管。堆放时要注意兽药与人药分区存放;外用药与内服药分别存放;杀虫药、杀鼠药与内服药、外用药远离存放;外用药与内服药以及名称容易混淆的药均宜分别存放。

(3)建立药品保管账,经常检查,定期盘点,保证账目与药品相符。

(4)药品库应经常检查清洁卫生,并采取有效措施,防止生霉、虫蛀和鼠。

(5)加强防火等安全措施,确保人员与药品的安全。

2. 药品的有效期

(1)有些稳定性较差的药品,在贮存过程中,药效有可能降低,毒性可能有增高,有的甚至不能药用,为了保证用药安全有效,对这类药品必须规定有效期,即在一定贮存条件下能够保证质量的期限。

(2)对有效期的产品，严格按照规定的贮存条件进行保存，要做到近期先出，近期先用。

3. 购买注意事项

(1)兽药包装必须贴有标签，注明“兽用”字样并附有说明书。标签或者说明书上必须注明商标、兽药名称、规格、企业名称、产品批号和批准文号，写明兽药的主要成分、作用、用途、用量、有效期和注意事项等。

(2)兽药出厂时必须附有产品质量检验合格证，无合格证的不要购买。

第四节　猪常见病的防治

1. 猪瘟

猪瘟又称猪霍乱，俗称烂肠瘟，是由猪瘟病毒引起的一种高度接触性传染病，各种年龄猪均可发病，一年四季流行，传染性极强。猪瘟对猪危害极为严重，会造成养猪业重大损失。

【发病特点】本病在自然条件下只感染猪，不同年龄、性别、品种的猪都易感，一年四季均可发生。病猪是主要传染源，病猪排泄物和分泌物，病死猪和脏器及尸体、急宰病猪的血、肉、内脏、废水、废料污染的饲料，饮水都可散播病毒，猪瘟的传播主要通过接触，经消化道感染。此外，患病和弱毒株感染的母猪也可以经胎盘垂直感染胎儿，产生弱仔猪、死胎、木乃伊胎等。

过去猪瘟发病表现为发病急、传播快、发病率与死亡率都很高，呈现出流行性发生，现在很少见到。目前主要表现为发病缓和，症状不典型，发病率不高，死亡率降低，流行形式转变为地区性散发流行，呈现波浪式、周期性散在发生。而且发病无明显的季节性，一年四季均可发生。

【临床症状】潜伏期5～7天，短的2天，长的21天。根据症状和其他特征，可分为急性、慢性和迟发性3种类型。

(1)最急型猪瘟：没有明显可见症状，发病急，突然倒地死亡。

(2)急型猪瘟：这种类型较普遍，发病初期体温达41～42℃。精神沉郁，或离群钻草堆，或静卧阴暗处，或以足尖行走。眼睑肿胀，口腔黏膜红肿，便秘，3～5日后腹泻。皮肤上可见小出血点或大块红斑、紫斑。多于5～7日后死亡。

(3)慢性猪瘟：由最急性和急性转变而来，或因感染毒力较弱的猪瘟毒株而致。病程长达1个月或更久。精神不佳，食欲不振，明显消瘦。行走时后足交叉，弓腰缩腹，常以足尖着地行走，摇摆不稳。有些病猪体温略高，前期的皮肤红斑处呈硬痂，咳嗽、气喘、腹泻。

【病理变化】

(1)急性猪瘟主要呈现败血症变化，有诊断价值的变化是皮肤或皮下有出血点；颚凹、颈部、鼠蹊、内脏淋巴结肿大，呈暗红色，切面周边出血；肾脏色淡，不肿大，有数量不等的小点出血；脾脏边缘梗死；喉头黏膜、会厌软骨、膀胱黏膜、心外膜、肺及肠浆膜有出血。

(2)慢性病猪特征的变化是有盲肠、结肠及回盲口处黏膜上形成扣状溃疡。

【诊断】依据典型临床症状和病理变化可做出初步诊断，

确诊需进一步做实验室诊断。

【治疗方法】到目前为止尚无特效药物治疗，以预防为主，药物治疗为辅。猪瘟发生或流行时，应采取紧急措施。对病猪或可疑病猪，应急宰；对未发病猪用猪瘟免化弱毒疫苗进行紧急接种。

(1)封锁疫点：在封锁地点内停止育肥猪及猪产品的集市买卖和外运。最后1头病猪死亡或处理后3周，经彻底消毒，可以解除封锁。

(2)处理病猪：对所有猪进行测温和临床检查，病猪以急宰为宜，急宰病猪的血液、内脏和污物等应就地深埋，肉经煮熟后可以食用。污染的场地、用具和工作人员都应严格消毒，防止病毒扩散。可疑病猪予以隔离。对有带毒综合征的母猪，应坚决淘汰。这种母猪虽不发病，但可经胎盘感染胎儿，引起死胎、弱胎，生下的仔猪也可能带毒，这种仔猪对免疫接种有耐受现象，不产生免疫应答，而成为猪瘟的传染源。

(3)紧急预防接种：对疫区内的假定健康猪和受威胁区的猪立即注射猪瘟弱毒疫苗，剂量可增至常规量的6～8倍。使用时按瓶签注明头份用无菌生理盐水按每头份1毫升稀释，大小猪均为1毫升。该疫苗禁止与菌苗同时注射。注射本苗后可能有少数猪在1～2天内发生反应，但经3天即可恢复正常。注苗后如出现过敏反应，应及时注射抗过敏药物，如肾上腺素等。该疫苗要在－15℃以下避光保存，有效期为12个月。该疫苗稀释后，应放在冷藏容器内，严禁结冻，如气温在15℃以下，6小时内要用完；如气温在15～27℃，应在3小时内用完。注射的时间最好是进食后2小时或进食前。

(4)猪瘟细胞苗的用法：该疫苗大小猪都可使用。按标签注明头份,每头份加入无菌生理盐水1毫升稀释后,大小猪均皮下或肌内注射1毫升。注射4天后即可产生免疫力,注射后免疫期可达12个月。该疫苗宜在－15℃以下保存,有效期为18个月。注射前应了解当地确无疫病流行。随用随稀释,稀释后的疫苗应放冷暗处,并限2小时内用完。断奶前仔猪可接种4头份疫苗,以防母源抗体干扰。

(5)猪瘟脾淋苗的用法:该疫苗肌内或皮下注射。使用时按瓶签注明头份用无菌生理盐水按每头份1毫升稀释,大小猪均1毫升。该疫苗应在－15℃以下避光保存,有效期为12个月。疫苗稀释后,应放在冷藏容器内,严禁结冻。如气温在15℃以下,6小时内用完。如气温在15～27℃,则应在3小时内用完。注射的时间最好是进食后2小时或进食前。

与此同时,病猪圈(栏)、垫草、粪水、吃剩的饲料和用具均应用20%～30%的草木灰水或2%的氢氧化钠溶液等消毒液彻底消毒。

【预防措施】猪瘟是一种毁灭性疾病,一旦发生,有很高的发病率和病死率,并造成严重的经济损失,因此防疫工作显得极为重要,所以要加强平时的预防工作。

(1)平时预防:为了消灭传染源,养猪场应经常做好清洁卫生工作,定期进行消毒,禁止非工作人员进入猪场,管理人员和运输车辆的进、出都应进行严格消毒。

(2)坚持自繁自养:养猪场应贯彻自繁自养的原则,不从外地购入猪只。如确属必须,则应到饲养水平高、疾病控制严格、无重大疫病的正规猪场购入。猪只购入后应隔离饲养2～3周,并进行严格检疫,确认健康后方可合群饲养。

(3)定期进行免疫接种

①疫苗种类:猪瘟弱毒,有细胞苗和组织苗,可任选,接种后4～6天产生免疫力,免疫期1年以上。使用疫苗时种用猪最好选用猪瘟单苗,育肥猪可用猪瘟、猪丹毒二联弱毒冻干苗联苗。

②免疫剂量:种公猪每年进行2次,每次每头猪注4头份,哺乳仔猪为了排除母源抗体干扰,21～24天龄时一律注4头份,55～60天时二免同样剂量。繁殖母猪和后备母猪配种前30天注4头份。此外,也可根据猪瘟疫苗种类和质量以及流行情况确定剂量。

(4)猪瘟流行时的防治措施

①检疫隔离封锁:一旦强毒株侵入猪群内暴发流行,及时把猪群划分病猪群、可疑感染和假定健康猪群,前者集中做无害化处理。

②紧急接种疫苗和强化免疫:对猪场的可疑猪群和假定健康猪群,在舍内彻底大消毒和猪体消毒后,再用新出厂的猪瘟弱毒苗进行接种,注射时局部彻底消毒,一猪换一针头。

③接种剂量:根据实际情况进行接种,首次大剂量,10～12天后,再接种1次,其剂量比第一次高2～4倍为好。

④初生仔猪的主动免疫,其方法为仔猪产出处理后,当即接种猪瘟疫苗2～4头份,放保温护仔箱内1.5～2小时后哺乳,断奶后3～5天二免4头份。

(5)繁殖障碍型猪场的净化措施

①每两个月检测1次种猪的强毒抗体,阳性猪再用荧光抗体技术,活体穿刺取扁桃体或股前淋巴,做冰冻切片,抗原阳性猪坚决淘汰,一般连检3～4次,直至被检猪全部为阴性时为止。

②免疫程序：种公猪每年 2 次每次 4 头份，母猪在配种前 30 天接种 4～8 头份。

③平时消毒：定期做好舍内消毒工作。

④新生仔猪被动免疫：自制高免猪瘟血清，生后 1 天龄仔猪股内侧皮下注射 2～5 毫升，20 天龄首免 2～4 头份，50～60 天龄二免 4 头份。

(6)捕杀病猪：病猪经过治疗，虽然不死，但也不容易完全康复，此外还不断向外界排放病原，不利于扑灭猪瘟，所以对病猪一般以屠宰为宜。

2. 口蹄疫

口蹄疫是由口蹄疫病毒引起的牛、羊、猪等的一种急性、热性传染病，人也可感染，是一种人兽共患病。

【发病特点】在同一时间内，牛、羊、猪一起发病，而猪对口蹄疫病毒易感性强，越年幼的仔猪，发病率及死亡率越高，1 月龄内的哺乳仔猪死亡率可达 60%～80%左右。本病一年四季都可发生，但以冬、春季节多发。

口蹄疫是由口蹄疫病毒引起的一种急性、热性、高度接触性传染病。病毒存在于病猪各组织及排泄物中，主要的传染途径是消化道，损伤的皮肤和黏膜也可感染。

【临床症状】口蹄疫自然感染的潜伏期为 24～96 小时，人工感染的潜伏期为 18～72 小时。猪口蹄疫主要症状表现在蹄冠、蹄踵、蹄叉、副蹄和吻突皮肤、口腔腭部、颊部以及舌面黏膜等部位出现大小不等的水疱和溃疡，水疱也会出现于母猪的乳头、乳房等部位。病猪表现精神不振，体温升高，厌食，在出现水疱前可见蹄冠部出现一明显的白圈，蹄温增高，之后蹄壳变形或脱落，跛行明显，病猪卧地不能站立。水疱充满清亮或微浊的浆液性液体，水疱很快破溃，露出边缘整齐的暗红色糜烂面，如无细菌继发感染，经1～2周病损部位结痂愈合。若蹄部严重病损则需3周以上才能痊愈。口蹄疫对成年猪的致死率不超过3%。仔猪受感染时，水疱症状不明显，主要表现为胃肠炎和心肌炎，致死率高达80%以上。妊娠母猪感染可发生流产。

【病理变化】病死畜尸体消瘦，除鼻镜、唇内黏膜、齿龈、舌面上发生大小不一的圆形水疱疹和糜烂病灶外，咽喉、气管、支气管和胃黏膜也有烂斑或溃疡，小肠、大肠黏膜可见出血性炎症。仔猪心包膜有弥散性出血点，心肌切面有灰白色或淡黄色斑点或条纹，称虎斑心，心肌松软似煮熟状。

【诊断】根据本病流行特点、临床症状、病理变化并结合流行病学，不难做出初步诊断，但要与水疱病、水疱疹、水疱性口炎区别，则必须结合实验手段进行确诊。

【治疗方法】

(1)发现仔猪患口蹄疫，初期可用高免血治疗，剂量为每千克体重2毫升，肌注或皮下注射。

(2)对病猪口腔用食醋或0.1%高锰酸钾冲洗。糜烂面上可涂以1%～2%的碘酊甘油合剂。蹄部可用3%来苏儿冲洗，擦干后涂上鱼石脂软膏或氧化锌鱼肝油软膏。

(3)对病猪用免疫增强剂"口蹄疫"进行治疗。隔日注射1次，每5千克体重注1毫升，连续用药3～5次即愈。该药对怀孕母猪也可注射，但要同时配以(按说明量)肌注黄体酮。也可用毒特2000和"口康注射液"分别肌注进行治疗，3天为1个疗程，2个疗程可治愈。

【预防措施】

(1)平时预防措施

①及时接种疫苗：容易传播口蹄疫的地区，要注射口蹄疫疫苗。猪注射猪乙型(O型)灭活疫苗。值得注意的是，所用疫苗的病毒型必须与该疫区流行的口蹄疫病毒型相一致，否则不能预防和控制口蹄疫的发生与流行。

②加强相应防疫措施：严禁从疫区(场)买猪及其肉制品，不得用未经煮开的洗肉水喂猪。

(2)流行时防治措施

①一旦怀疑口蹄疫流行，应立即上报，迅速确诊，并对疫点采取封锁措施，防止疫情扩散蔓延。

②疫区内的猪、牛、羊，应由兽医进行检疫，病畜及其同栏猪立即急宰，内脏及污染物(指不容易消毒的物品)深埋或者烧掉，肉煮熟后可以食用。

③疫点周围及疫点内尚未感染的猪、牛、羊，应立即注射口蹄疫疫苗。先注射疫区外围的牲畜，后注射疫区内的牲畜。

④对疫点(包括猪圈、运动场、用具、垫料等)用2%烧碱溶液进行彻底消毒，在口蹄疫流行期间，每隔2～3天消毒1次。疫点内最后1头病猪痊愈或死亡后14天，如再未发生口蹄疫，经过消毒后，可申报解除封锁。但痊愈猪仍需隔离1个月，方可出售。

3. 蓝耳病

猪蓝耳病又名猪繁殖与呼吸障碍综合征，是由猪繁殖与呼吸综合征病毒引起以成年猪的生殖障碍、早产、流产、死胎为特征的疾病。目前研究结果表明，猪是惟一的易感动物，各种年龄和种类的猪均可感染，但以妊娠母猪和1月龄内的仔猪最易感，并表现该综合征典型的临床症状。我国已将本病列入二类传染病。

【发病特点】本病实验性传染的潜伏期，仔猪 2～4 天，怀孕母猪 4～7 天。

猪蓝耳病的传播途径非常多，病猪的分泌物、精液、排泄物等都可以成为病毒传播的载体，通过呼吸道、消化道接触后均可感染。但该病毒对于自然环境的抵抗力又不是特别强，主要靠直接接触感染。

此外，猪场的规模、密度和卫生条件，低温、光照不足或高湿有利于该病的扩散传播。因受精由种公猪传染，通过鼠、鸡、人或交通工具等媒介感染，还可能由饲料中的细菌性毒素污染所导致。

【临床症状】本病临床症状的共同点是死胎率和哺乳仔猪死亡率比较高，从哺乳期到肥育期死亡率也很高。根据感染猪的年龄和种类表现出不同的临床症状。本病常呈临床和亚临床感染，并与猪群的饲养管理条件、机体免疫状况、病毒毒力强弱等因素有密切相关。

(1)母猪：妊娠母猪发生早产、后期流产、死产、胎儿木乃伊化、产弱仔等。部分新生仔猪表现呼吸困难、运动失调及轻瘫等症状，产后 1 周内死亡率明显增高 40%～80%。少数感染猪表现暂时性的体温升高（39.6～40℃），母猪的双耳、腹部、尾部及外阴皮肤呈现青紫色或蓝紫色斑块，双耳发凉。少数母猪产后缺乳或无乳、发生胎衣不下及阴道分泌物增多。

(2)仔猪：以 1 月龄内仔猪最易感并表现典型的临床症状。体温升高达 40℃以上，呼吸困难，有时呈腹式呼吸，食欲减退或废绝，腹泻，离群独处或互相挤作一团，被毛粗乱，后腿及肌肉震颤，共济失调，渐进消瘦，眼睑水肿。有的仔猪表现口鼻奇痒，常用鼻盘、口端摩擦圈(栏)舍壁栏，鼻内有面糊状或水样分泌物。死亡率高达83%，仔猪成活率明显降低。耐过仔猪长期消瘦，生长缓慢。

(3)种公猪：发病率低(约为2%～10%)。症状表现厌食，呼吸加快，咳嗽，消瘦，昏睡及精液质量明显下降，无发热现象，极少种公猪出现双耳皮肤变色。

【病理变化】仔猪、育成猪常见眼睑水肿，仔猪皮下水肿、出血；皮肤色淡似蜡黄，体表淋巴结肿大；鼻孔有泡沫；气管、支气管充满泡沫，扁桃体出血，肺肿胀、变硬大理石样变；胸腹腔、心包积液较多，心内膜出血；肝肿大、色变淡，脾脏边缘或表面出现梗死灶；肾呈土黄色，包膜易剥离，表面有针尖至小米粒大出血斑点，膀胱也有出血点和出血斑；部分病例可见胃肠道黏膜出血、溃疡、坏死。

【诊断】通过临床症状和病理剖解即可判定为疑似蓝耳病。确诊需进行病毒分离或反转录聚合酶链式反应检测。

【治疗方法】目前本病尚无特效药物疗法，主要是采取综合防治措施和对症疗法，最根本的办法是消除病猪、带毒猪和彻底消毒，切断传播途径。应用抗菌药物治疗并发感染，如青霉素、链霉素、卡那霉素、氟苯尼考等，并对呼吸困难的猪只使用止咳平喘药物，如麻黄碱、氨茶碱、肾上腺素等，对高热猪只使用退烧药物，如安痛定、氨基比林等。

(1)猪用免疫球蛋白IgG：按仔猪1次1支，母猪1次5支，每天肌内注射，连用2～3天，每天2次。

(2)黄芪多糖注射液、当归注射液：按每千克体重0.2毫升混合肌注，每天1次，连用3～5天。

(3)莪术油注射液：仔猪静脉注射10～20毫升，大猪60～

80毫升，每天1次，连用3天，怀孕母猪禁用。

(4)清开灵注射液：每千克体重0.2毫升，配合强效阿莫西林注射液每千克体重15毫升，双黄连、地塞米松，肌内注射，1天1次，连续3天。对重症的病猪建议用清开灵和葡萄糖输液，肾上腺素肌注抢救。

(5)紫锥败毒针：每1千克体重0.3毫升，连用3～5天。同时配合富络欣注射液以防止细菌性继发感染。

【预防措施】高致病性猪蓝耳病是由猪繁殖与呼吸综合征病毒变异株引起的一种急性高致死性疫病。目前尚无特效药物彻底快速地治愈发病猪，因此，控制该病，防重于治，并需采取综合防治措施和对症疗法。

(1)加强检疫：选择非疫区引进仔猪，购买前要查看检疫证明，购进后，一定要隔离饲养30天以上，体温正常再混群饲养。执行综合防疫措施和消毒制度，建立无毒清净猪场，实行产房隔离，哺乳仔猪应尽早断奶；要采用“全进全出”的养殖模式，高温季节，保持猪舍通风、干燥，做好防暑降温工作，提供猪体充足的清洁饮水；适当降低饲养密度，减少应急因素；保证充足的营养，增强猪体抗病能力；杜绝猪、鸡、鸭等动物混养，避免交叉感染，提倡规模化饲养。

(2)严格消毒，搞好环境卫生，及时清除猪舍粪便及排泄物：对各种污染物品进行无害化处理，加强饲场、猪舍内及周边环境消毒。每天带菌猪使用百菌消毒－30消毒1次，所用器械工具不得交叉使用，尤其是病猪所用注射针头必须每头更换1个针头。密闭的圈(栏)舍可按每立方米7～21克高锰酸钾加14～42毫升福尔马林进行熏蒸消毒7小时；还可用5%漂白粉溶液喷洒动物圈(栏)舍、架笼、饲槽及车辆。

(3)改善和加强饲养管理,减少各种应激:在猪只采食的日粮中,每 500 千克饲料添加平安康 1 千克,连续饲喂 1 周,饮水中补充葡萄糖,或用抗病毒 1 号粉按 500 克/500 千克饲料,配合 10%氟苯尼考按 200×10^{-6} 拌料,连续饲喂 5 天,可大大减少猪只暴发此病。

(4)免疫接种:目前,我国已经成功研制出预防高致病性猪蓝耳病的疫苗,实验室初步研究结果表明,接种后 28 天可产生免疫保护力,免疫期为 4 个月。疫苗使用前,应从冰箱中取出后放置 2～3 小时,恢复置室温,用前充分摇匀。一般使用 12 号针头,经耳后根肌内注射,1 猪 1 个针头,仔猪 14～18 日龄时,每头首免弱毒苗 1 头份,4～6 周龄加强免疫 1 次,免疫期 4 个月以上。商品仔猪断奶后首次免疫 2 毫升,在高致病性猪蓝耳病流行地区,可根据实际情况在首免后 1 个月采用相同剂量加强免疫 1 次。后备母猪 70 日龄前接种程序同商品仔猪,以后每次于怀孕母猪分娩前进行 1 次加强免疫,剂量为 4 毫升;种公猪 70 日龄前接种程序同商品仔猪,以后每隔 6 个月加强免疫 1 次,剂量 4 毫升。种公猪 70 日龄前接种程序同商品仔猪,以后每隔 6 个月加强免疫 1 次,剂量 4 毫升。

另外,在做好蓝耳病免疫的同时,要做好猪瘟、伪狂犬病及其他细菌性病等防控工作,防止继发与并发感染。规模化养猪场在本病流行地区,为防止弱毒返强,建议只使用灭活疫苗免疫后备母猪和怀孕猪,在新建猪场和未发生过该病的猪场不建议使用弱毒苗免疫。发病猪只尽快隔离,以防水平和垂直传播,尽早淘汰无治疗价值的猪只。对病死猪要做到“四不一处理”:不准宰杀、不准食用、不准出售、不准转运,对病死猪进行无害化处理。

4. 细小病毒病

猪细小病毒病是由细小病毒引起初产母猪胚胎和胎儿感染及死亡，而母体本身不显症状的一种母猪繁殖障碍性传染病。本病已在我国广泛分布存在，所以一定要引起足够的重视，以免造成大的经济损失。

【发病特点】本病是由猪细小病毒引起的传染病，猪是惟一的已知宿主，不同年龄、性别的家猪都可感染。病猪和隐性感染猪是本病的主要传染源。本病感染的母猪所产的死胎、活胎、仔猪及子宫内分泌物均含有高滴度的病毒。垂直感染的仔猪至少可带毒9周以上。某些具有免疫耐受性的仔猪可能终身带毒和排毒，被感染种公猪的精细胞、精索、附睾、副性腺中都可带毒，在交配时很容易传给易感母猪，急性感染期猪的分泌物和排泄物，其病毒的感染力可保持几个月，所以病猪污染过的猪舍，在空舍4～5月后仍可感染猪。本病可经胎盘垂直感染和交配感染。种公猪、育肥猪、母猪主要通过被污染的食物、环境，经呼吸道、消化道感染。另外，鼠类也可机械性的传播本病，出生前后的猪最常见的感染途径分别是胎盘和口鼻。

【临床症状】猪细小病毒感染的主要症状表现为母源性繁殖障碍，感染的母猪可能重新发情而不分娩，或只产少数仔猪，或产大部分死胎、弱仔及木乃伊胎等。怀孕中期感染母猪的腹围减少，无其他明显临床症状。此外，本病还可引起产仔瘦小、弱胎、母猪发情不正常、久配不孕等症状。

【病理变化】母猪流产时，肉眼可见母猪有轻度子宫内膜炎变化，胎盘部分钙化，胎儿在子宫内有被溶解和被吸收的现象。大多数死胎、死仔或弱仔皮下充血或水肿，胸、腹腔积有淡红色或淡黄色渗出液。肝、脾、肾有时肿大脆弱或萎缩发暗，个别死胎、死仔皮肤出血，弱仔生后半小时先在耳尖，后在颈、胸、腹部及四肢上端内侧出现淤血、出血斑，半日内皮肤全变紫而死亡。

除上述各种变化外，还可见到畸形胎儿、干尸化胎儿(木乃伊)及骨质不全的腐败胎儿。

【诊断】如果初产母猪发生流产、死胎、胎儿发育异常等情况，而母猪没有什么临诊症状，同一猪场的经产母猪也未出现症状，同时有其他证据可认为是一种传染病时，应考虑到细小病毒感染的可能性。然而要想做出确诊，则必须依靠实验室诊断。送检材料可以是一些木乃伊化胎儿或这些胎儿的肺。

【治疗方法】猪细小病毒病目前尚无有效的治疗方法，有流产、死胎及产木乃伊临床表现时，应在饲料或饮水中添加广谱抗菌类药物控制“产后”感染。

(1)肌内注射黄芪多糖注射液，每天2次，连用3～5天。

(2)对延时分娩的病猪及时注射前列腺烯醇注射液引产，防止胎儿腐败，滞留子宫引起子宫内膜炎及不孕。

(3)对心功能差的使用强心药，机体脱水的要静脉补液。

【预防措施】

(1)坚持经常性消毒，可杀灭病原体。

(2)强化生物安全体系建设：环境条件、硬件设施要满足猪生长、繁殖的要求，卫生、消毒、隔离、无害化处理等疫病防控制度不但要健全，更重要的是落实。

(3)引种控制：引种往往是导致猪细小病毒病发生的重要

原因，引种前应了解被引进场猪群是否有猪细小病毒感染，怀孕母猪是否有繁殖障碍临床表现，母猪群是否做过疫苗预防接种，引进的种(母)猪应先饲养在隔离场(舍、圈)。引进 15 天内接种 1 次疫苗，配种前半个月再强化免疫 1 次。

(4)预防接种：猪细小病毒只有一个血清型且免疫性良好，疫苗接种种公猪及种母猪预防母猪感染猪细小病毒所引起的流产、死胎、产木乃伊胎等临床表现有着良好的效果。

5. 乙型脑炎

乙型脑炎又称流行性乙型脑炎，简称乙脑，是一种动物和人共患的蚊媒病毒性疾病。大多数家畜家禽均易感，猪被认为是乙脑病毒最重要的自然增殖动物。本病是猪繁殖障碍性疾病之一，导致怀孕母猪死胎和其他繁殖障碍，种公猪感染后发生急性睾丸炎。

【发病特点】猪通过蚊子叮咬而被感染，感染后病毒散布到血管众多的组织，如肝、脾和肌肉，在那里进一步增殖而强化了病毒血症。病毒进入中枢神经系统的方式是经由脑脊髓液，通过内皮细胞、巨噬细胞和淋巴细胞的感染，或血源性途径。

【临床症状】病猪体温突然升高达 40～41℃，呈稽留热，精神不振，食欲不佳，结膜潮红，粪便干燥，如球状，附有黏液，尿深黄色，有的病例后肢呈轻度麻痹，关节肿大，视力减弱，乱冲乱撞，最后后肢倒地而死。母猪、妊娠新母猪感染乙脑病毒后无明显临床症状，只有母猪流产或分娩时才发现产生死胎、畸形胎或木乃伊胎等症状。同一胎的仔猪，在大小及病变上都有很大差别，胎儿呈各种木乃伊的过程，有的胎儿正常发育和产出弱仔，产后不久即死亡。此外，分娩时间多数超过预产期数日，也有按期分娩的。种公猪常发生睾丸炎，多为单侧性，少为双侧性的。初期睾丸肿胀，触诊有热痛感，数日后炎症消退，睾丸逐渐萎缩变硬，性欲减退，并通过精液排出病毒，精液品质下降，失去配种能力而被淘汰。

【病理变化】患病猪脑和脊髓膜充血，脑室和脊髓腔液增多。种公猪睾丸不同程度肿大，睾丸实质充血、出血和出现坏死灶。子宫内膜充血、出血和有黏液。流产或早产胎儿脑水肿，皮下血样浸润，肌肉似水煮样，腹水增多，胸腔积液，浆膜出血。木乃伊胎儿从拇指大到正常大小，肝、脾、肾有坏死灶。

【诊断】根据流行病学、发病症状、病理变化，可做出初步诊断。进一步确诊需要做病毒分离(小白鼠脑内或鸡胚卵黄囊内接种)和血清学诊断(中和试验、血凝抑制试验)。当母猪发生繁殖障碍时，须与布氏杆菌病、伪狂犬病、猪细小病毒病等进行鉴别诊断。

【治疗方法】

(1)安乃近注射液：10～20 毫升，肌内注射，每日 2 次，至降体温为止。

(2)磺胺嘧啶钠注射液：20 毫升，肌内注射，每日 2 次，连用 3 天。

(3)盐酸吗啉双胍注射液：10～20 毫升，肌内注射，每日 1～2 次，连用 3 天。

(4)种公猪睾丸炎，进行冷敷，同时用磺胺嘧啶注射消炎，安乃近或安痛定降体温。

【预防措施】驱灭蚊虫，注意消灭越冬蚊。对病猪要早发现、早隔离。猪圈(栏)及用具要消毒。死胎、胎盘和阴道分泌物都必须妥善处理。流行地区，定期注射猪乙脑疫苗，提高猪的抗病能力。对后备公母猪在本病流行期前1个月注射猪乙型脑炎弱毒疫苗免疫,第二年加强1次,免疫期可达3年。

6. 猪丹毒

猪丹毒是猪丹毒杆菌引起的一种急性热性传染病,是威胁养猪业的一种重要传染病。

【发病特点】不同年龄猪均有易感性,但以3个月以上的生长猪发病率最高,3个月以下和3年以上的猪很少发病。病猪、临床康复猪及健康带菌猪都是传染源。病原体随粪、尿、唾液和鼻分泌物等排出体外,污染土壤、饲料、饮水等,而后经消化道和损伤的皮肤而感染。带菌猪在不良条件下抵抗力降低时,细菌也可侵入血液,引起自体内源性染而发病。猪丹毒的流行无明显季节性,但夏季发生较多,冬、春季只有散发。猪丹毒经常在一定的地方发生,呈地方性流行或散发。

【临床症状】一般将猪丹毒分为急性败血型、亚急性疹块型和慢性型。

(1)急性败血型:胃底部黏膜有点状和弥漫性出血,十二指肠和回肠有轻重不同的充血及出血。全身淋巴结充血、肿胀,切面多汁。脾脏肿大,边缘呈樱桃红色,钝圆,呈红棕色,肝充血,肾混浊肿胀,呈混浊肿胀,呈暗红色水肿,有出血,肺淤血或水肿,心脏内外膜都有小点出血。

(2)亚急性疹块型:主要病变为皮肤坏死性斑疹块,疹块部皮肤组织充血,也有损害关节而使关节发炎肿胀,内脏及肌肉等无显著病变。

(3)慢性型:心脏二尖瓣处有溃疡性心内膜炎。形成疣状团块,状如菜花,此病变亦能发生于三尖瓣处。在腕关节、飞节以及跗关节等部,常见慢性关节炎,关节囊肿大,有浆液纤维渗出物。

【病理变化】

(1)急性败血型：胃底部黏膜有点状和弥漫性出血，十二指肠和回肠有轻重不同的充血和出血。全身淋巴结充血、肿胀，切面多汁。脾脏肿大，边缘呈樱桃红色，钝圆，呈红棕色，肝充血，肾混浊肿胀，呈暗红色水肿，有出血，肺淤血或水肿，心脏内外膜都有小点出血。

(2)亚急性疹块型：主要病变为皮肤坏死性斑疹块，疹块部皮肤组织充血，也有损害关节而使关节发炎肿胀，内脏及肌肉等无显著病变。

(3)慢性型：心脏二尖瓣处有溃疡性心内膜炎。形成疣状团块，状如菜花，此病变亦能发生于三尖瓣处。在腕关节、飞节以及跗关节等部，常见慢性关节炎，关节囊肿大，有浆液纤维渗出物。

【诊断】根据临床症状和流行情况，结合疗效，一般可以确诊。但在流行初期，往往呈急性经过，症状无特征，需要做实验室检查才能确诊。

【治疗方法】育肥猪发生丹毒后，应立即对全群猪测温，病猪隔离治疗，死猪深埋或烧毁。与病猪同群的未发病群，用青霉素进行药物预防，等疫情扑灭和停药后，进行 1 次大消毒，并注射菌苗，巩固防疫效果。对慢性病猪及早淘汰，以减少经济损失，防止带菌传播。

(1)青霉素疗法：青霉素治疗有特效，其次是土霉素和四环素；急性型每千克体重 1 万单位青霉素静脉注射，同时肌内注射常规剂量的青霉素，以后每天 2 次肌内注射，以防复发或转慢性，不宜过早停药，待食欲、体温恢复正常后，再连用 2～3 天。

(2)血清疗法:剂量为仔猪5～10毫升,3～10个月龄猪30～50毫升,成年猪50～70毫升,皮下或静脉注射,经24小时再注射1次,如青霉素与抗血清同时应用效果更佳。对病情较重的病例可用5%糖加维生素C或右旋糖酐以及增加氢化可的松和地塞米松等静脉注射,疗效更佳。

(3)阿莫西林粉针:按每千克体重肌内注射15毫克,每天1～2次,连用2～3天。

(4)欧啉头孢粉针:按每千克体重肌内注射2万单位,1针可维持9天药效。

(5)10%磺胺嘧啶钠注射液:每头每天肌内注射20～40毫升,每天1～2次。

【预防措施】

(1)加强饲养管理

①搞好猪圈(栏)和环境卫生,定期消毒。

②不从疫区引进猪只。新购进猪只,必须先隔离观察2～4周,健康者方可进入猪群。

③严格检疫制度,防止一切带毒的动物和污染物进入猪群。

(2)预防接种

①猪丹毒灭活菌苗:皮下或肌内注射氢氧化铝灭活苗,以5毫升1次免疫,免疫期可达6～8个月。

②猪丹毒弱毒活菌苗:使用GC42弱毒菌苗均按瓶签标定的头剂加入20%铝胶生理盐水1毫升溶解,一律皮下注射1毫升,口服时每头2毫升,免疫期为6个月。

③注射猪瘟、猪丹毒、猪肺疫三联活疫苗或猪丹毒、猪肺疫氢氧化铝二联灭活菌苗,免疫效果与单苗相同。

7. 炭疽

炭疽是由炭疽杆菌引起的各种家畜、野生动物和人类共患的急性败血性传染病。

【发病特点】各种家畜及人均有不同程度的易感性，猪的易感性较低。病畜的排泄物及尸体污染的土壤中，长期存在着炭疽芽孢，当猪吃入含大量炭疽芽孢的食物（如被炭疽污染的骨粉等）或吃了感染炭疽的动物尸体时，即可感染发病。本病多发生于夏季，呈散发或地方性流行。

【临床症状】猪多为慢性经过，生前无明显临诊症状，多在屠宰后肉品检验时才被发现；有的猪（亚急性型）为咽炎症状，体温升高，精神及食欲不振，咽喉及腮腺明显肿胀，吞咽和呼吸困难，颈部活动不灵活，口鼻黏膜发绀，最后可窒息死亡；个别猪也可出现急性败血症症状。

【病理变化】为防止扩大散播病原，造成新的疫源地，疑为炭疽病时禁止解剖。

典型的急性败血症病猪，可见迅速腐败，尸僵不全，黏膜暗紫色，皮下、肌肉及浆膜有红色或红黄色胶样浸润，并见出血点；血凝不良，黏稠如煤焦油样；脾脏高度肿大、质软，切面脾髓软如泥状，暗红色；淋巴结肿大、出血；心、肝、肾变性；胃肠有出血性炎症。咽型炭疽可见扁桃腺坏死，喉头、会厌、颈部组织发生炎性水肿，周转淋巴结肿胀、出血、坏死。慢性炭疽的特征变化是咽部发炎，扁桃腺肿大、坏死；颌下淋巴结肿大、出血、坏死，切面干燥，无光泽，呈砖红色，有灰色或灰黄色坏死灶；周转组织有黄红色浸润。

【诊断】猪群出现原因不明而突然死亡的病例，病猪表现体温升高，咽喉出现痛性肿胀，死后天然孔流血，应首先怀疑为炭疽,但确诊需要进行实验室检查。

【治疗方法】临床上确诊后再行治疗时,已经太晚,难以收到预期效果,所以第一个病例都会死亡。从第二个病例起,应尽早隔离治疗,用青霉素静脉注射,可以收到一定效果。如有抗炭疽血清同时应用,效果更佳。此外,氯霉素和庆大霉素等也有较好的疗效。

(1)青霉素:每千克体重 1 万单位,肌内注射,每天 2 次,连用 3 天。

(2)链霉素:每千克体重 1 万单位,每天 1 次,肌内注射,连用 3 天。

(3)庆大霉素:每千克体重 2000 单位,肌内注射,每天 1 次,连用 3 天。

(4)磺胺噻唑或磺胺二甲基嘧啶:每千克体重 0.1~0.2 克,分 6 次内服,每次间隔 4 小时,连用 3~5 天。

(5)猪用抗炭疽血清:猪在耳根后部或腿内侧皮下注射。本品也可供静脉注射。50~120 毫升/次。

【预防措施】炭疽是一种烈性传染病,不仅危害家畜,也威胁人类健康。因此,平时应加强对猪炭疽的屠宰检验。发生本病后,要封锁疫点,病死猪和被污染的垫料等一律烧毁,被污染的水泥地用 20%漂白粉或 0.1%碘溶液等消毒。若为土地,则应铲除表土 15 厘米,被污染的饲料和饮水均需更换,猪场内未发病猪和猪场周围的猪一律用炭疽芽孢苗注射。无毒炭疽芽孢苗,每只猪皮下注射 0.5 毫升;第二号炭疽芽孢苗,每只猪皮下注射 1 毫升。直到最后 1 只病猪死亡或治愈后 15 天,再未发现新病猪时,经彻底消毒后可以解除封锁。

8. 猪肺疫

猪肺疫又称猪巴氏杆菌病、锁喉风，是由多杀性巴氏杆菌引起的一种猪急性传染病。

【发病特点】大小猪均有易感性，小猪和中猪的发病率较高。病猪和健康带菌猪是传染源，病原体主要存在于病猪的肺脏病灶及各器官，存在健康猪的呼吸道及肠管中，随着分泌物及排泄物排出体外，经呼吸道、消化道及损伤的皮肤而传染。带菌猪受寒、感冒、过劳、饲养管理不当，使抵抗力降低时，可发生自体内源性传染。猪肺疫常为散发，一年四季均可发生，多继发于其他传染病之后。有时也可呈地方性流行。

【临床症状】根据病程长短和临床表现分为最急性、急性型和慢性型。

(1)最急性型：呈现败血症症状，常突然死亡，病程稍长的，体温升高到41℃以上，呼吸高度困难，食欲废绝，黏膜蓝紫色，咽喉部肿胀，有热痛，重者可延至耳根及颈部，口鼻流出泡沫，呈犬坐姿势。后期耳根、颈部及下腹肺处皮肤变成蓝紫色，有时见出血斑点。最后窒息死亡，病程1～2天。

(2)急性型：主要呈现纤维素性胸膜肺炎症状，败血症症状较轻。病初体温升高，发生干咳，有鼻液和脓性眼屎。先便秘后腹泻，后期皮肤有紫斑，病程4～6天。

(3)慢性型：多见流行后期，主要表现为慢性肺炎或慢性胃肠炎症状。持续性的咳嗽，呼吸困难，体温时高时低，精神不振，食欲减退，逐渐消瘦，有时关节肿胀，皮肤发生湿疹。最后发生腹泻。多经2周以上因衰弱而死亡。

【病理变化】病理变化主要病变在肺脏。

(1)最急性型：各浆膜、黏膜有大量出血点。咽喉部及周围组织呈出血性浆液性炎症，皮下组织可见大量胶冻样淡黄色的水肿液。全身淋巴结肿大，切面呈一致红色。肺充血、水肿，可见红色肝变区(质硬如肝样)。各实质器官变性。

(2)急性型:败血症变化较轻。肺有大小不等的肝变区，切开肝变区，有的呈暗红色，有的呈灰红色，肝变区中央常有干酪样坏死灶。肺小叶间质增宽，充满胶冻样液体。胸腔积有含纤维蛋白凝块的混浊液体。胸膜附有黄白色纤维纱，病程较长的，胸膜发生粘连。

(3)慢性型:高度消瘦，肺组织大部分发生肝变，并有大块坏死灶或化脓灶，有的坏死灶周围有结缔组织包裹，胸膜粘连。

【诊断】本病的最急性型病例常突然死亡，而慢性型病例的症状、病变都不典型，并常与其他疾病混合感染，单靠流行病学、临床症状、病理变化诊断难以确诊。

(1)与类症鉴别:在临床检查应注意与急性猪瘟、咽型猪炭疽、猪气喘病、传染性胸膜肺炎、猪丹毒、猪弓形虫等病进行鉴别诊断。

(2)实验室检查，取静脉血(生前)，心血各种渗出液和各实质脏器涂片染色镜检。

(3)猪肺疫可以单独发生，也可以与猪瘟或其他传染病混合感染，采取病料做动物试验，培养分离病源进行确诊。

【治疗方法】发现病猪及可疑病猪立即隔离治疗。早期治疗，有一定疗效。效果最好的抗生素是氯霉素、庆大霉素，其次是四环素、氨苄青霉素等，但巴氏杆菌可以产生抗药性，如果应用某种抗生素后无明显疗效，应立即更换。

氯霉素每千克体重 10～30 毫克，庆大霉素每千克体重

1～2 毫克，氨苄青霉素每千克体重 4～11 毫克，四环素每千克体重 7～15 毫克，均为每天 2 次肌内注射，直到体温下降，食欲恢复为止。庆增安注射液每千克体重 0.1 毫升，肌内注射，每天 2 次，有良好疗效。

常用的磺胺类药物是磺胺嘧啶。10%磺胺嘧啶钠溶液，小猪 20 毫升，大猪 40 毫升，每天肌内注射 1 次，或按每千克体重 0.07 克，每天肌内注射 2 次。10%磺胺二甲嘧啶钠注射液每千克体重 0.07 克，每天肌内注射 2 次。另外，磺胺嘧啶 1 克，麻黄素碱 0.4 克，复方甘草合剂 0.6 克，大黄末 2 克，调匀为 1 包，体重 10～25 千克的猪服 1～2 包，25～50 千克的猪服 2～4 包，50 千克以上的猪服 4～6 包，每 4～6 小时服 1 次。均有一定疗效。

【预防措施】

(1)预防免疫：每年春、秋两季定期用猪肺疫氢氧化铝甲醛菌苗或猪肺疫口服弱毒菌苗进行 2 次免疫接种。也可选用猪丹毒、猪肺疫氢氧化铝二联苗，猪瘟、猪丹毒、猪肺疫弱毒三联苗。接种疫苗前几天和后 7 天内，禁用抗菌药物。

(2)改善饲养管理：在条件允许的情况下，提倡早期断奶。采用全进全出制的生产程序；封闭式的猪群，减少从外面引猪；减少猪群的密度等措施，可能对控制本病会有所帮助。

(3)药物预防：对常发病猪场，要在饲料中添加抗菌药进行预防。根据本病传播特点，防治首先应增强机体的抗病力。加强饲养管理，消除可能降低抗病能力因素和致病诱因，如圈(栏)舍拥挤、通风采光差、潮湿、受寒等。圈(栏)舍、环境定期消毒。新引进猪隔离观察 1 个月后健康方可合群。进行预防接种，是预防本病的重要措施，每年定期进行有计划免疫注射。目前，生产的猪肺疫菌苗有猪肺疫灭活菌苗、猪肺疫内蒙系弱毒菌苗、猪肺疫 EO-630 活菌苗、猪肺疫 TA53 活菌苗、猪肺疫 C20 活菌苗 5 种，使用、保存和注意事项按说明书。

9. 猪传染性胃肠炎

猪传染性胃肠炎是猪的一种高度接触性肠道疾病，以呕吐、严重腹泻和失水为特征。各种年龄都可发病，10 日龄以内仔猪病死率很高，可达 100%，5 周龄以上猪的死亡率很低，成年猪几乎没有死亡。

【发病特点】猪传染性胃肠炎病毒为冠状病毒科、冠状病毒属成员。传染源为发病猪、带毒猪及其他带毒动物。病毒存在于病猪和带毒猪的粪便、乳汁及鼻分泌物中，病猪康复后可长时间带毒，有的带毒期长达 10 周。本病发生和流行有明显的季节性，多见于冬季和初春。多呈地方性流行，新发区可暴发性流行。本病常可与产毒素大肠杆菌、猪流行性腹泻病毒或轮状病毒发生混合感染。

【临床症状】2 周龄以内的仔猪感染后，12～24 小时会出现呕吐继而出现严重的水样或糊状腹泻，粪便呈黄色，常夹有未消化的凝乳块、恶臭、体重迅速下降，仔猪明显脱水，发病 2～7 天死亡，死亡率达 100%；在 2～3 周龄的仔猪，死亡率在 10%～80%。断乳猪感染后 2 天性病，表现水泻，呈喷射状，粪便呈灰色或褐色，个别猪呕吐，在 5～8 天后腹泻停止，极少死亡，但体重下降，常表现发育不良，成为僵猪。有些母猪与患病仔猪密切接触反复感染，症状较重，体温升高，泌乳停止、呕吐、食欲不振和腹泻。本病的潜伏期很短，一般为 12～18 小时，仔猪发病后往往表现为严重脱水而死亡。主要的病理变化为急性肠炎，从胃到直肠可见程度不一的卡地性炎症。

胃肠充满凝乳块，胃黏膜充血；小肠充满气体。肠壁弹性下降，管壁薄，呈透明或半透明状；肠内容物呈泡沫状，黄色透明；肠系膜淋巴结肿胀，淋巴管没有乳糜。心、肺、肾未见明显的肉眼病变。

不同发育阶段的表现的典型症状。仔猪典型症状为短暂呕吐，水样黄色腹泻，脱水快，腹泻中常含有凝乳块，有恶臭味，2 周龄以下的仔猪高发病率、高死亡率。少量母猪体温升高，无乳，呕吐，厌食，腹泻。大部分母猪症状轻微，无腹泻表现。后备公母猪与生长猪症状表现类似。

【病理变化】剖检可见胃肠充满凝乳块。小肠充满气体及黄绿色或灰白色泡沫样内容物，肠壁变薄，呈半透明状。绒毛肠系膜淋巴结充血、肿胀。心、肺、肾无明显病变。

【诊断】根据流行病学、症状和病变进行综合判定可以做出初步诊断，进一步确诊，必须进行实验室诊断。

【治疗方法】

(1)猪传染性胃肠炎弱毒疫苗或灭活菌：在母猪产前 2 个月或半个月分别免疫 1 次可保护仔猪。

(2)氯霉素：对患病仔猪可肌注氯霉素，口服链霉素并进行注射或口服补液(生理盐水、葡萄糖等)。

(3)长效土霉素注射液：肌内注射，同时用氟苯尼考口服液口服连用 4 天。

(4)热快克＋长效土霉素：肌内注射，同时用泻痢停拌。

(5)泻痢停：内服泻痢停，此药是标本兼治、抗肠道感染的首选药物。每千克体重用 0.1 克，首次量加倍，第一天服 3 次，第二、第三天早、晚各服 1 次。

(6)补充体液：取适量白糖和食盐，按 5％的比例对入温水，让猪自饮。对失水严重的病猪，静脉注射复方氯化钠，然后再加10%葡萄糖注射液，用量视体重大小而定。使用上述药物的同时，饲喂适量糊状饲料，如米汤、大麦粉煮成的稀粥，加入少量食盐与白糖，既能调节食欲，还有利于肠黏膜修复。

(7)使用抗病毒药物：可肌内注射病毒性双黄连、清开灵注射液。

(8)血清疗法：用传染性胃肠炎高免血清，按每千克体重0.5毫升，肌内注射，每天1次，连用3天。

【预防措施】

(1)猪场禁止非饲养人员进入，猪舍门口设消毒池。对刚引进的种猪，必须隔离饲养30天，确认无病才可入群。做好消毒工作，冬季做好保暖，换季和气候突变时要特别注意防贼风，做好保温工作。10～3月份做好疫苗注射工作。可采用传染性胃肠炎疫苗，务必按照说明使用，最好从母猪预防本病发生。也就是不要对仔猪进行该病疫苗的免疫注射。管理上执行全进全出制。

(2)如果发生了传染性胃肠炎，首先要确认发病群；如果是生长猪群，要严格进行隔离管理，做好其他猪舍的消毒和保温措施，尤其是一定要加强产仔舍和母猪舍的管理；如果是空怀和妊娠母猪群，采用投喂病料办法，使母猪尽快感染，并康复。控制本病进入产房；如果在产房发生，仔猪和母猪均有发生，此为最严重疫情。采取措施为2周后产仔母猪接触病料(已感染猪的肠组织)，以便于产生自然免疫；2周以内产仔母猪，要提供好的环境条件和设施，加强管理，做好保温，提供无贼风，干燥环境，提供充足饮水和营养液。

(3)对仔猪提供32℃的温暖环境，无贼风，干燥。提供干净饮水，提供电解质，如糖、盐水等。减少饥饿，防止脱水，预防酸中毒。仔猪腹腔补液，链霉素治疗，有一定的效果。

(4)猪圈(栏)每隔15天用碱性消毒液冲刷消毒1次，粪便堆积封闭发酵。常用消毒剂有10%石灰乳(必须是块灰，现配现用)、30%草木灰水、0.1%除菌净、10%漂白粉、2%烧碱溶液。

(5)加强饲养管理，防寒保暖，满足营养需要，以增强猪的抗病能力。饲料中经常拌入切碎的新鲜大蒜(或晒干备用的大蒜茎，烧炭存性)。

(6)传染性胃肠炎活疫苗是用于预防猪传染性胃肠炎的一种致弱活毒疫苗，可用于母猪及哺乳仔猪的免疫接种，以诱导产生抗体。母猪免疫程序是基础免疫，分娩前5个星期口服1头份，分娩前2个星期口服1头份，同时肌内注射1头份。加强免疫，以后每次分娩前2个星期口服和肌内注射各1头份。1～3日龄断奶时各服1/5头份，免疫后仔猪必须离开母猪至少30分钟才能重新吸乳。

10. 附红细胞体病

猪红皮病是一种由蚊蝇传播的猪附红细胞体内侵袭猪体血液内而引起的，其流行有明显季节性，一般多在每年5～6月份高温多湿、蚊蝇大量增殖突然发病。

【发病特点】不同年龄和品种的猪均有易感染性，仔猪的发病率和病死率较高。本病的传播途径还不清楚，由于附红细胞体寄生于血液内，又多发生于夏季，因此，推测本病的传播与吸血昆虫有关，特别是猪虱。

另外，注射针头、手术器械、交配等也可能传播本病。应激因素如饲养管理不良、气候恶劣或其他疾病等，可使隐性感染猪发病，甚至大批发生，症状加重。

【临床症状】小猪表现为皮肤和黏膜苍白，黄疸，发热，精神沉郁，食欲不振，发病后1天至数日死亡，或者自然恢复变成僵猪。

母猪的症状分为急性和慢性2种：急性感染的症状为持续高热（40.0～41.7℃），厌食，偶有乳房和阴唇水肿，产仔后奶量少，缺乏母性行为，产后第三天起逐渐自愈；慢性感染母猪呈现衰弱，黏膜苍白及黄疸，不发情，或屡配不孕，如有其他疾病或营养不良，可使症状加重，甚至死亡。

【病理变化】主要变化为贫血及黄疸。皮肤及黏膜苍白，血液稀薄，全身性黄疸。肝肿大变性，呈黄棕色，胆囊充满浓明胶样胆汁。脾肿大变软。有时淋巴结水肿，胸腔、腹腔及心包积液。

【诊断】本病经病理学初步诊断，然后再镜检、血清学诊断、分子生物学技术诊断即可确诊。

【治疗方法】目前比较有效的药物有新胂凡纳明、对氨基苯砷酸钠、土霉素、四环素等。根据猪的大小及病情的轻重，可采用不同剂量。

（1）新胂凡纳明：每千克体重10～15毫克，静脉注射，在2～24小时内，病原体可从血液中消失，在3天内症状也可消除。由于副作用较大，目前较少应用。

（2）对氨基苯砷酸钠：对病猪群，每吨饲料混入180克，连用1周，以后改为半量，连用1个月。对感染猪群也用半量。还可用于预防。

（3）土霉素、四环素：每天每千克体重15毫克，分2次肌内注射，可以连续应用。如果用来预防，可在每吨饲料中混入土霉素600克,连续应用。

(4)铁制剂和土霉素:对阳性反应的、初生不久的贫血仔猪,1～2日龄注射铁制剂200毫克和土霉素25毫克,至2周龄再注射周剂量铁制剂1次。同时应消除一切应激因素,驱除体内外寄生虫,以提高疗效,控制本病的发生。使用砷剂时,应充分供应饮水,以防中毒。

【预防措施】

(1)在雨季来临前应做好猪舍周围的清沟排水和猪栏清洁消毒工作,提前驱虫灭蚊。

(2)搞好棚舍清洁,注意饮水卫生,晚间做好驱蚊工作,可增强猪的抵抗力,缩短病程,并可防止发生。

11. 链球菌病

猪链球菌病是一种人畜共患的急性、热性传染病,由C、D、E及L群链球菌引起的猪的多种疾病的总称。猪链球菌感染不仅可导致猪败血症肺炎、脑膜炎、关节炎及心内膜炎,而且可感染特定人群发病,并可导致死亡,危害严重。

【发病特点】链球菌广泛分布于自然界,人和多种动物都有易感性,猪的易感性较高。各种年龄的猪都可发病,但败血症型和脑膜脑炎型多见于仔猪,化脓性淋巴结炎型多见于中猪。病猪、临床康复猪和健康猪均可带菌,当它们互相接触时,可通过口、鼻、皮肤伤口而传染。呈地方流行性,本病传入后,往往在猪群中陆续出现。

【临床症状】潜伏期多为1～5天或稍长,根据临床症状及病理变化可分为4型。

(1)败血症型:在流行初期常有最急性病例,多不见任何症状而突然死亡;体温升高,41.5～42℃以上,精神委顿,结膜发绀，以口、鼻流出淡红色泡沫样液体，腹下有紫红色斑不久死亡。急性病例，常见精神沉郁，体温41℃以上，呈稽留热，食欲减退或不食，眼结膜潮红，流泪，有浆液状鼻汁，呼吸浅表而快，少数病猪在病的后期于耳尖、四肢下端、腹下呈紫红色或出血性红斑，有跛行，病程2～4天。

(2)脑膜脑炎型：病初体温升高，40.5～42.5℃，不食，继而出现神经症状，运动失调，转圈(栏)、空嚼、磨牙、仰卧、直至后躯麻痹，侧卧于地，四肢做游泳状运动，甚至昏迷不醒。

(3)关节炎型：由前两型转来，或者从发病起即呈关节炎症，表现一肢或几肢关节肿胀，疼痛，有跛行，甚至不能站立，病程2～3周。

(4)化脓性淋巴结炎(淋巴结脓肿)型：多见于颌下淋巴结，其次是咽部、耳下和颈部淋巴结。

【病理变化】

(1)最急性：口、鼻流出红色泡沫液体，气管、支气管充血，充满带泡沫液体。

(2)急性：以出血性败血症病变和浆膜炎为主。皮肤有出血点(胸、耳、腹下部和四肢内侧)，皮下组织广泛出血。鼻黏膜紫红色，充血、出血。气管充血，充满淡红色泡沫样液体，肺肿大、水肿、出血。全身淋巴结肿大出血，其中肺门淋巴结、肝门淋巴结周边出血。脾肿大，是正常的1～3倍，呈暗红色或蓝紫色，柔软，质脆。偶见脾边缘黑红色的出血性梗死灶。胃和小肠黏膜有不同程度的充血和出血。心外膜有弥漫性出血点。肾肿大，被膜下与切面上可见出血小点。胸腹腔有多量液体(积液)，有时有纤维素性渗出物，往往与内脏粘连。有神经症状的，脑膜充出血，严重者淤血，少数脑膜下积液，白质和灰质有明显的小点出血。脊髓也有类似变化。关节腔内有液体渗出。

【诊断】猪链球菌的病型较复杂,其流行情况无特征,需进行实验室检查才能确诊。

败血症型猪链球菌病易与急性猪丹毒、猪瘟相混淆,应注意区别。

【治疗方法】将病猪隔离按不同病型进行相应治疗。

(1)对淋巴结脓肿,待脓肿成熟后,及时切开,排除脓汁,用3%双氧水,或0.1%高锰酸钾液冲洗后,涂以碘酊。

(2)对败血症型及脑膜脑炎型,应早期大剂量使用抗生素或磺胺类药物。青霉素每头每次40万～100万单位,每天肌注2～4次;洁霉素每天每千克体重5毫克,肌内注射;氯霉素每千克体重10～30毫克,每日肌注2次;磺胺嘧啶钠注射液每千克体重1～2毫克,每日肌内注射。庆增安注射液,每千克体重0.1毫升,肌内注射,每天2次,也有很好的疗效。为了巩固疗效,应连续用药5天以上。近年来,有人用乙基环丙沙星治疗猪链球菌病,每千克体重用2.5～10.0毫克,每12小时注射1次,连用3天,能迅速改善症状,疗效明显优于青霉素。

【预防措施】主要采取以控制传染源(病、死猪等家畜)、切断人与病(死)猪等家畜接触为主的综合性防治措施。

(1)清除传染源:病猪隔离治疗,带菌母猪尽可能淘汰。污染的用具和环境用3%苏儿液或1/300的菌毒敌彻底消毒。急宰猪或宰后发现可疑病变的猪屠体,经高温处理后方可食用。

(2)除去感染的因素:猪圈(栏)和饲槽上的尖锐物体,如钉头、铁片、碎玻璃、尖石头等能引起外伤的物体，一律清除。新生的仔猪，应立即无菌结扎脐带，并用碘酊消毒。

(3)接种猪链球菌病活菌苗：按瓶签头份，每头份加入生理盐水1毫升，或用生理盐水稀释，每猪口服2头份。1月龄以上的猪均可使用。接种本菌苗1周后即产生免疫力，免疫期6个月。

(4)药物预防：猪场发生本病后，如果暂时买不到菌苗，可用药物预防，以控制本病的发生。每吨饲料中加入四环素125克，连喂4～6周。

12. 猪流行性感冒

猪流行性感冒，是由猪流行性感冒病毒引起的一种猪的急性、高度接触性传染病，以传播迅速，发热和伴有不同程度的呼吸道症状为特征。经常有猪嗜血杆菌或巴氏杆菌混合或继发感染，使病情加重。

【发病特点】猪流行性感冒由正黏病毒科中A型流感病毒引起，传染源主要是患病动物和带病毒动物(包括康复的动物)。病原存在于动物鼻液、痰液、口涎等分泌物中，多由飞沫经呼吸道感染。本病一年四季均可发生，以春、冬寒冷季节多见。病程短，发病率高，死亡率低，常突然发作，传播迅速，在3～5天可达高峰，2～3周迅速消失。本病在感染和发生过程中常继发或并发其他疾病，使本病复杂化。许多因素，包括免疫状况、年龄、病毒的毒力、并发感染、气候条件及畜舍环境等决定着流感病毒感染的临床结果。

【临床症状】潜伏期很短，几小时到数天，发病初期病猪体温突然升高，达40～42℃，厌食或食欲废绝，极度虚弱乃至虚脱。精神极度委顿，常卧地一处，呼吸急促，腹式呼吸，阵发性咳嗽。从眼和鼻流出黏液性分泌物，鼻分泌物有时带血。咳嗽表明猪支气管有炎症。如病猪体况良好，在发病期间始终处于干燥、温暖的环境中，多数 6～7 天后康复。有继发感染时，病情加重，发生格鲁布出血性肺炎或肠炎而死亡。

【诊断】根据本病流行的特点、发生的季节、临床症状及病理变化特点，可初步诊断。当猪群大部分或全部猪暴发急性呼吸道病，特别是在寒冷的冬春季节时，可怀疑猪流感，但要与猪的许多呼吸道病进行区别。确诊尚需进行分离病毒及血清学试验。

【治疗方法】

(1)病毒灵(盐酸吗啉双胍)注射液：每千克体重 5～10 毫升，肌内注射，每天 2 次，连用 3～4 天。

(2)柴胡注射液：每千克体重 2～5 毫升，肌内注射，每天 1 次，连用 2～3 天。

(3)消炎王注射液：每千克体重 0.2 毫升，肌内注射，每天 2 次，连用 3～4 天。

(4)安乃近注射液：每千克体重 5～10 毫升，肌内注射，每天 2 次，连用 2～3 天。

(5)安痛定注射液：每千克体重 10 毫升，肌内注射，每天 2 次，连用 2～3 天。

(6)金刚胺盐酸盐片：1 片，内服，每天 2 次，连服 3 天。

【预防措施】预防本病，目前还无效果好的疫苗，因此要加强饲养管理，在早春、晚秋气候多变季节，注意圈(栏)舍防寒保暖，防止过于拥挤，搞好环境卫生，提高猪的抗病能力。一旦发育肥猪流感时，应立即隔离病猪，病猪污染的圈(栏)舍、场地、用具可用 2%～5%漂白粉溶液或 10%～20%石灰乳等进行消毒。

13. 乳房炎

乳房炎又称乳腺炎，是乳腺受到物理、化学、微生物等致病因子作用后所发生的一种炎性变化。

【发病特点】生产繁殖应激引起母猪抗病力下降以及机械损伤，使细菌侵入，发生感染而引发乳房炎。常见的致病菌有大肠杆菌、葡萄球菌、化脓性链球菌、变形杆菌、绿脓杆菌、双球菌等。乳房炎也可继发于某些疾病，如布氏杆菌病、结核病、子宫内膜炎等。在母猪哺乳期间，有的乳房无仔猪吸奶以及断奶后，给母猪饲喂大量发酵饲料和多汁饲料，导致乳汁在乳腺泡和乳腺导管内积滞，也可引发乳房炎。

【临床症状】初期可见母猪在哺乳时，因疼痛而急速站起，不让仔猪吃奶。可见其中一至数个乳房出现局部红、肿、热、痛。经过数天，有的乳房红肿加剧，此时母猪体温升高，少食到不食，精神不振，长时间卧地，拒绝哺乳。严重的可发生坏疽性乳房炎，患病乳房呈紫红色；有的母猪抗感染力强，将感染局限化，而在乳房内形成脓肿。患病乳房初期分泌的乳汁变稀，以后逐渐变成乳清样，内含絮状小块；如为化脓性乳房炎，乳汁呈黏液状，含黄色絮状物；坏疽性乳房炎，乳汁呈灰红色，含絮片状物，并有腥臭味。

【诊断】根据临诊症状不难做出诊断。

【治疗方法】可使用西药或中草药治疗，或中西药同时使用。

(1)西药治疗：青霉素 160 万～320 万单位，链霉素 1～2 克，安痛定 10～20 毫升，地塞米松 5～15 毫克，催产素 10～20 单位，混合后肌内注射，每天 2 次，连用 1～2 天。

(2)中草药治疗

①当归、赤芍、白芍、丝瓜络、王不留行各 30 克，陈皮、青皮各 25 克，甘草 15 克，共粉碎为末，每天 1 剂，分 2～3 次灌服。

②黄花地丁 60 克，紫花地丁、芙蓉花各 50 克，大蓟 40 克，煎汁喂服，每天 1 剂，药渣敷患处，或用鲜品捣汁内服，药渣敷患处，效果更好。

③鲜鱼腥草 100～150 克(干品用量减半)，铁马鞭 50～100 克，洗净后加清水 2～3 倍煎煮，取药液(也可连同药渣)拌料喂服，每天 1 剂，连用 3～4 天。如果在病初配合使用 0.5%普鲁卡因和青霉素，在乳房周围进行局部封闭注射治疗，效果更快、更好。

④蓖麻仁 10 份，松香 36 份，冰片 1 份，用热水调成糊状，冷却后成“蓖麻膏”。用时将药膏涂于乳房患处，然后用纱布包敷数天。该药膏对无名肿块、痈疽也有疗效。

(3)封闭疗法：母猪侧卧保定，局部用酒精棉球消毒，以 0.5%盐酸普鲁卡因溶液 30～40 毫升加入青霉素 240 万～400 万单位，分别在左、右侧距乳房肿胀边缘 2 厘米处用针头刺入 1 厘米，分数点注射，每点 3～4 毫升。如有体温升高，肌内注射安痛定 10 毫升。食欲差配合肌内注射维生素 B_1 5 毫升。每天 1 次，连用 3～4 次。

(4)其他疗法：除药物治疗外，还可配合用浸透热烫水的毛巾敷熨按摩乳房，每隔几小时挤奶 10～15 分钟，有助于减轻乳房的肿胀和疼痛。在乳房肿胀初期，还可配合在肿胀下部的血管上针刺放血。隔离仔猪，挤掉患病乳房的乳汁，局部涂擦 10%鱼石脂软膏、碘软膏等。也可用 0.5%盐酸普鲁卡因50～100毫升加青霉素80万单位，进行局部封闭。有硬结时按摩、温敷，涂以软膏。对于脓肿必须切开除脓，并用锌明胶绷带保护伤口。乳腺发生坏疽时应予切除，以防引起脓毒血症。对于体温升高、有全身症状的病猪，每次每千克体重肌内注射1.5万单位青霉素，每天3次。配合内服乌洛托品2～5克，可缩短疗程。

【预防措施】加强母猪猪舍的卫生管理，保持猪舍清洁，定期消毒。母猪分娩时，尽可能使其侧卧，助产时间要短，防止哺乳仔猪咬伤乳头。

14. 子宫内膜炎

母猪子宫内膜炎是子宫黏膜层的炎症。通常是黏液性或化脓性炎症，为母猪常见的一种生殖器官的疾病。子宫内膜炎发生后，易出现母猪发情不正常，或者发情正常，但不易受胎；或者受胎了，但也易发生流产。据统计，有些规模化养猪场母猪子宫内膜炎呈上升趋势，该病已给养猪业造成较大经济损失。

【发病特点】绝大多数病猪，是因从体外侵入病原体而引起感染发病的，如难产时由于助产的污染，胎衣不下时由于剥离的污染，不洁的人工授精，自然交配时由于种公猪生殖器官或精液内有炎症性分泌物等均可发病。

【临床症状】急性的病猪多发生于流产和产后，全身症状明显，精神不振，食欲减退或不食，体温升高，常作拱背、努责、排尿姿势。有时随努责从阴道内排出带臭味、污秽不洁的红褐色黏液或脓性分泌物。慢性病猪全身症状不明显，周期性从阴道内排出少量混浊黏液，母猪不发情或虽发情，但也屡配不孕或流产。

【诊断】母猪全身症状明显，从阴道内流出不同性质的分泌物，有臭味，可确诊为急性子宫内膜炎。若病猪周期性从阴道内排出少量黏液，可确诊为慢性子宫内膜炎。

【治疗方法】

(1)在炎症急性期首先应清除积留在子宫内的炎性分泌物，选择10%盐水，0.02%新洁尔灭溶液，0.1%高锰酸钾，1%～2%碳酸氢钠，1%明矾，0.1%雷佛努尔等冲洗子宫。冲洗后必须将残存的溶液排出。最后，可向子宫内注入20万～40万单位青霉素或投1克金霉素胶囊，若病猪有全身症状禁止使用冲洗法。

(2)对于慢性子宫内膜炎的病猪，可用20万～40万单位青霉素加100万单位链霉素，混于高压灭菌的植物油20毫升向子宫内注入。为了促使子宫蠕动加强，有利于子宫腔内炎性分泌物的排出，亦可使用子宫收缩剂(缩宫素)。向子宫内投药或注冲洗药应在产后若干天内或在发情时进行，因为只有这些时期，子宫颈才张开，便于投药。

(3)子宫内膜炎的抗生素疗法，大型猪场每季度取分泌物做药物试验，选择最敏感的药物。对体温升高的病猪，首先注射青霉素、链霉素各200万单位，或诺氟沙星和恩诺沙星类药物，肌内注射安乃近液10毫升，或安痛定注射液10～20毫升。

【预防措施】在人工授精和阴道检查时，要严格消毒器材、减少上行感染机会；产房进猪前，要严格进行“空舍消毒”；临产母猪产仔前，要用0.1%高锰酸钾溶液刷洗乳房和外阴部、尾等；产仔时，要正确助产、防止产道黏膜损伤；产后，要及时肌内注射青霉素、链霉素等抗生素药物，防止子宫内膜炎的发生。

15. 猪白痢病

仔猪白痢又称迟发性大肠杆菌病，由致病性大肠杆菌的某些血清所引起，是2～3周龄仔猪的一种急性肠道传染病。发生很普遍，几乎所有猪场都有本病，是危害仔猪的重要传染病之一。

【发病特点】大肠杆菌在自然界分布很广，也经常存在于猪的肠道内，在正常情况下不会引起发病。当仔猪的饲养管理不良，猪舍卫生不好，阴冷潮湿，气候骤变，母猪的奶汁过稀或过稠，造成仔猪抵抗力降低时，就会致病。从病猪体内排出来的大肠杆菌，其毒力增强，健康仔猪吃了病猪粪便污染的食物时，就可引发。因此，1窝小猪中有1头下痢，若不及时采取措施，就很快传播。以10～20日龄的仔猪发病最多，一年四季均可发生。

【临床症状】主要症状为下痢，粪便呈灰白色或淡黄绿色，常混有黏液而呈糊状，其中含有气泡，有特殊的腥臭味。在尾、肛门及其附近常沾有粪便。当细菌侵入血液时，病猪的体温升高，食欲减退，日渐消瘦，精神不佳，被毛粗乱无光，眼结膜苍白，怕冷，恶寒战栗，喜卧于垫草上。有的并发肺炎，呼吸困难。一般经过5～6天死亡，或拖延2～3周以上。病死率的高低取决于饲养管理的好坏。

【诊断】根据本病多发于10～20日龄的小猪，一窝仔猪中陆续发生或同时发生；排白色、灰白色或黄白色粥样的粪便；多发于严冬及炎热季节；有较突出的诱因存在；大多发生在母猪饲养管理和卫生条件不良的养猪场内等特征，可做出诊断。

【治疗方法】

(1)呋喃唑酮：每头猪每天0.1～0.3克，分2次内服，连服3天。

(2)土霉素:每千克体重50毫克,内服,每天2次,连服3天。或服用土霉素钙盐,母猪产前20天开始,每天25克;产仔后喂20天,每天5克,可有效地防治仔猪白痢。

(3)磺胺胍:每天2～3次,每次0.75～1.2克。

(4)磺胺二甲基嘧啶和敌菌净:按5∶1的比例混合,每千克体重60毫克,内服,首次倍量,每天2次,连服3天。

(5)小檗碱:每头0.5克,每天2次,连服3天。

(6)5%新洁尔灭原液:配成25%的水溶液,每头1毫升,内服,每天1次,连服3天。

(7)氯霉素:每头20万单位,肌内注射,每天2次,连注3天。

(8)庆大霉素:每头100～250毫克,每天1～2次,肌内注射,连注3天。

(9)磺胺嘧啶钠:每头2～5毫升,肌内注射,每天1～2次,连注3天。或腹腔注射,每头仔猪1毫升。

(10)复方新诺明:1～2片、乳酸菌素片、食母生1～2片,混合后1次内服,每天2次,连用2～3天。

【预防措施】由于仔猪白痢发病原因的多样性和复杂性,因此,必须采取综合性措施加以预防。

(1)加强临产母猪饲料管理。饲料应多样化,防止突然改变饲料,在饲料中补给适量的抗菌素(如土霉素、四环素等)或其他药物,以保证产后母乳质量。

(2)搞好母猪圈(栏)卫生管理。对母猪圈(栏)做到勤起、勤垫、勤打扫、保温、干燥。可选用普通消毒药进行消毒,如10%～20%石灰乳、3%碱溶液、1%～2%来苏儿溶液、

0.5%～1%高锰酸钾溶液等药物，能杀死猪圈（栏）内的大肠杆菌。

(3)注意做好母猪的接生工作。要防止胎衣被母猪食掉引起自体中毒，以及产生感染不能正常泌乳，致使乳汁过浓，引起仔猪消化不良发生此病，可在母猪产前、产后 1～2 天内注射或内服抗菌消炎类药物，可选用毒霉素、链霉素、四环素、土霉素、庆大霉素、安痛定、安基比林、安乃近等药物。

(4)强化初育肥猪预防工作。对初生 3 天后仔猪喂给少量 0.1%高锰酸钾水，或给母猪适量加喂抗贫血药物，如硫酸亚铁 250 毫升、硫酸铜 10 毫升，每天 1 次，产前、产后半月内服用，可预防此病。

16. 红痢病

仔猪红痢又称仔猪杆菌性肠炎、猪传染性坏死性肠炎，是由 C 型魏氏杆菌所引起的肠毒血症。在环境卫生条件不良的猪场，发病较多，危害较大。

【发病特点】本病发生于 1 周龄左右的仔猪，以 1～3 天的新生仔猪最多见，偶尔可在 2～4 周龄及断奶仔猪中见到。带菌猪是本病的主要传染源、消化道侵入是本病最常见的传播途径。据报道，一部分母猪是本病的带菌者，病菌随着粪便排除体外，直接污染哺乳母猪的乳头和垫料等，当初生仔猪吮吸母猪的奶或吞入污染物后，细菌进入空肠繁殖，侵入绒毛上皮，沿基膜繁殖增生，产生毒素，使受损组织充血、出血和坏死。

另外，杆菌广泛在于人畜肠道、土壤、下水道及尘埃中，当饲养管理不良时，容易发生本病。

【临床症状】本病的病程长短差别很大，症状不尽相同，一般根据病程和症状不同而将之分为最急性、急性、亚急性型和慢性型。

(1)最急性型:发病很快,病程很短,通常于初生后 1 天内发病,症状多不明显或排血便,乳猪后躯或全身沾满血样粪便。病猪虚弱,很快变为濒死状态,病猪常于发病的当天或第二天死亡。少数病猪没有下血痢,便昏倒而死亡。

(2)急性型:病猪出现较典型的腹泻症状,这是最常见的病型。病猪在整个发病过程中大多排出含有灰色组织碎片的浅红色褐色水样粪便,病猪很快脱水和虚脱,病程多为 2 天,一般于发病后的第三天死亡。

(3)亚急性型:病初,病猪食欲减弱,精神沉郁,开始排黄色软粪;继之,病猪持续腹泻,粪便呈淘米水样,含有灰色坏死组织碎片;很快,病猪明显脱水,逐渐消瘦,衰竭,多于 5～7 天死亡。

(4)慢性型:病猪呈间歇性或持续性下痢,排灰色黏液便;病程十几天,生长很缓慢,最后死亡或被淘汰。

【诊断】依据临床和病理变化,结合流行特点,可做出初步诊断,进一步的确诊需靠实验室检查。

本症应与猪传染性胃肠炎、猪流行性腹泻等相鉴别。

【治疗方法】

(1)硫酸抗敌素用蒸馏水稀释后,每头仔猪 5 万～8 万单位,肌内注射,每天 1 次,连注 2～3 天。

(2)每头仔猪肌内注射新霉素 10 万单位。

(3)痢菌净,每千克体重 5 毫克,颈部注射,每天 1 次,连注 3 天。为了巩固疗效,停止穴位注射后,按每千克饲料拌入痢菌净片 10 毫克,连用 2 周。

【预防措施】由于本病发生较快，来不及治疗仔猪即死。因此，最好的办法是采取综合防治措施。

(1)加强对猪舍和环境的清洁卫生和消毒工作，产房和分娩母猪的乳房应于临产时彻底消毒。

(2)母猪分娩前1个月和半个月，各肌内注射C型魏氏杆菌氢氧化铝菌苗或仔猪红痢干粉菌苗1次，剂量为5～10毫升，以便使仔猪通过哺乳获得被动免疫；如连续产仔，前1～2胎再分娩前已经2次注射过菌苗的母猪，下次分娩前半个月再注射1次，剂量3～5毫升。

(3)仔猪初生后，口服氯霉素1片(0.2毫升)，也有一定的预防作用；如果痢疾注射抗猪红痢血清(每千克体重肌内注射3毫升)，可获得更好的保护作用(但注射要早，否则结果不理想)。

17. 猪痢疾病

猪痢疾病是由猪痢疾密螺旋体引起的一种危害严重的猪肠道传染病。本病可使病猪死亡，生长发育受阻，饲料利用率降低，给养猪业带来巨大的经济损失。

【发病特点】本病只发生于猪，最常见于断奶后正在生长发育的猪，仔猪和成猪较少发病。病猪、临床康复猪和无症状的带菌猪是主要传染源，经粪便排菌，病原体污染环境和饲料、饮水后，经消化道传染。易感猪与临床康复70天以内的猪同居时，仍可感染发病。在隔离病猪群与健康猪群之间，可因饲养员的衣、鞋等污染而传播。此外，小鼠和犬感染后也可排菌。

本病的发生无季节性，传播缓慢，流行期长，可长期危害猪群。各种应激因素，如阴雨潮湿，猪舍积粪，气候多变，拥挤，饥饿，运输及饲料变更等，均可促进本病发生和流行。因此，本病一旦传入猪群，很难清除。在大面积流行时，断乳猪的发病率可高达90%，经过合理治疗，病死率较低，一般为5%～25%。

【临床症状】潜伏期长短不一，一般为10～14天。本病的主要症状是轻重程度不等的腹泻。在污染的猪场，几乎每天都有新病例出现。病程长短不一，偶尔可见最急性病例，病程仅数小时，或无腹泻症状而突然死亡。大多数呈急性型，初期排出黄色至灰色的软便，病猪精神沉郁，食欲减退，体温升高(40～40.5℃)，当持续下痢时，可见粪便中混有黏液、血液及纤维素碎片，使粪便呈油脂样或胶冻状，呈棕色、红色或黑红色，病猪弓背吊腹，脱水，消瘦，虚弱而死亡，或转为慢性型，病程1～2周。慢性病猪表现时轻时重的黏液出血性下痢，粪呈黑色(称黑痢)，病猪生长发育受阻，高度消瘦。部分康复猪经一定时间还可复发，病程在2周以上。

【诊断】根据流行特点、临床症状和病变特征可做出初步诊断。在类症鉴别困难时，应进行实验室检查。

猪痢疾病应与猪副伤寒、猪传染性胃肠炎、猪流行性腹泻、仔猪红痢、仔猪白痢、仔猪黄痢等鉴别。

【治疗方法】药物治疗有较好的效果，可以很快达到临床治愈，但停药2～3周后，又可复发，较难根治。对本病有效的治疗药物很多，列述如下，供选用。若发现疗效不佳，应迅速更换。

(1)痢菌净：治疗量为口服每千克体重5毫克，1天2次，连用3～5天。预防量为每吨饲料50克，可连续使用。

(2)痢立清：治疗量为每吨饲料50克，连续使用。预防量与治疗量同。

(3)二甲硝基咪唑:治疗用 250×10^{-6} 水溶液饮用,连续 5 天。预防量每吨饲料 100 克。

(4)甲硝咪乙酰胺:治疗用 60×10^{-6} 水溶液,连续饮用3~5 天。预防量同治疗量,即每吨饲料 60 克。

(5)呋喃唑酮:治疗量为每吨饲料 300 克,连用 14 天。预防量为每吨饲料 100 克。

(6)异丙硝哒唑:治疗用 50×10^{-6} 水溶液,饮用 7 天。预防量为每吨饲料 50 克。

(7)维吉尼霉素:治疗量为每吨饲料 100 克,连用 14 天。预防量减半。

(8)洁霉素:治疗量为每吨饲料 100 克,连用 3 周。预防量为每吨饲料 40 克。

(9)硫酸新霉素:治疗量为每吨饲料 300 克,连用 3~5 天。

(10)杆菌肽:治疗量为每吨饲料 500 克,连用 21 天。预防量减半。

(11)四环素类抗生素:治疗量为每吨饲料 100~200 克,连用 3~5 天。

(12)泰乐菌素:治疗量为每升水 570 毫克,连饮 3~10 天。预防量为每吨饲料 100 克。

【预防措施】本病尚无菌苗。在饲料中添加药物,虽可控制本病发生,减少死亡,起到短期的预防作用,但不能彻底消灭。要彻底消灭主要是采取综合性防疫措施。

(1)禁止从疫区引进种猪,必须引进种猪时,要严格隔离检疫 1 个月。

(2)在无本病的地区或猪场，一旦发现本病，最好全群淘汰，对猪场彻底清扫和消毒，并空圈(栏)2～3个月，经严格检疫后再引进新猪。这样重建的猪群可能根除本病。

(3)当病猪数量多、流行面广时，可用微量凝集试验或其他方法进行检疫，对感染猪群实行药物治疗，无病猪群实行药物预防，经常彻底消毒，及时清除粪便，改进饲养管理，以控制本病的发展。

18. 球虫病

球虫是专门寄生于细胞内的原虫。猪的球虫病是由多种球虫寄生于猪肠道黏膜上皮细胞内，引起肠黏膜出血和腹泻为主的寄生虫病。

【发病特点】本病主要发生于小猪，且多发于7～11日龄的乳猪，但是断奶仔猪也会发生，成年猪为带虫者。各种研究表明哺乳仔猪并不是摄入母猪粪便中的球虫卵囊而感染，目前还不知道等孢球虫是如何在猪场中传染。由于球虫卵囊发育需要比较高的温度，因此本病多发于春末和夏季。哺乳仔猪发病无季节性。

【临床症状】本病的临床症状多出现在7～11日龄的健康乳猪中，有报道说猪的孢球虫引起了5～6周龄断奶仔猪的腹泻，腹泻出现在断奶后4～7天时，发病率很高(80%～90%)，但死亡率都极低。腹泻是本病主要的临床症状，粪便呈黄色到灰色。开始时粪便松软或呈糊状，随着病情加重粪便呈液状。仔猪粘满液状粪便，使其看起来很潮湿，并且会发出腐败乳汁样的酸臭味。一般情况下，仔猪会继续吃奶，但被毛粗乱，脱水，消瘦，增重缓慢。不同窝的仔猪症状的严重程度往往不同，即使同窝仔猪不同个体受影响的程度也不尽相同。

本病发病率通常很高，但死亡率较低。

【诊断】根据本病主要引起 7～14 日龄仔猪腹泻，并且这种腹泻用抗生素治疗无效等特征做出初诊。确诊要通过查找有临床症状的仔猪粪便中的卵囊来进行。

本症要与其他引起仔猪腹泻的病原，如大肠杆菌、传染性胃肠炎病毒、轮状病毒、C 型产气荚膜梭菌，蓝氏类圆线虫相区别。

【治疗方法】将药物添加在饲料中预防哺乳仔猪球虫病，效果不理想；把药物加入饮水中或将药物混于铁剂中可能有比较好的效果；个别给药是治疗本病最佳效果。

(1)磺胺类，磺胺二甲基嘧啶、磺胺间甲氧嘧啶、磺胺间二甲氧嘧啶等，连用 7～10 天。

(2)抗硫胺素类，氨丙啉、复方氨丙啉、强效氨丙啉、特强氨丙啉、SQ 氨丙啉，每千克体重 20 毫克，口服。

(3)均三嗪类，杀球灵、百球清，3～6 周龄的仔猪口服，每千克体重 20～30 毫克。

(4)莫能霉素，每 1000 千克饲料加 60～100 克。

(5)拉沙霉素，每 1000 千克饲料加 150 毫克，喂 4 周。

【预防措施】搞好环境卫生是迄今减少新生仔猪球虫病损失的最好方法。要将产房彻底清除干净，用 50％以上的漂白粉或氨水复合物消毒几小时或过夜和熏蒸；要尽量减少人员进入产房，以免由鞋子或衣服携带卵囊在产房中传播；要防止宠物进入产房，以免其爪子携带卵囊在产房中传播。

19. 食盐中毒

猪食盐中毒主要是由于采食含过量食盐的饲料，尤其是在饮水不足的情况下而发生的中毒性疾病。本病多发于散养的猪，规模化猪场少发。猪食盐内服急性致死量约为每千克体重2.2克。

【发病特点】猪食盐中毒是由于采食含盐分较多的饲料或饮水，如泔水、腌菜水、饭店食堂的残羹、洗咸鱼水或酱渣等，配合饲料时误加过量的食盐或混合不均匀等而造成。全价饲养，特别是日粮中钙、镁等矿物质充足时，对过量食盐的敏感性大大降低，反之则敏感性显著增高。饮水是否充足，对食盐中毒的发生更具有绝对的影响。

【临床症状】根据病程可分为最急性型和急性型2种。

(1)最急性型：为一次食入大量食盐而发生。临床症状为肌肉震颤，阵发性惊厥，昏迷，倒地，2天内死亡。

(2)急性型：当病猪吃的食盐较少，而饮水不足时，经过1～5天发病，临床上较为常见。临床症状为食欲减少，口渴，流涎，头碰撞物体，步态不稳，转圈运动。大多数病例呈间歇性癫痫样神经症状。神经症状发作时，颈肌抽搐，不断咀嚼流涎，犬坐姿势，张口呼吸，皮肤黏膜发绀，发作过程约1～5分钟，发作间歇时，病猪可不呈现任何异常情况，1天内可反复发作无数次。发作时，肌肉抽搐，体温升高，但一般不超过39.5℃，间歇期体温正常。末期后躯麻痹，卧地不起，常在昏迷中死亡。

【诊断】主要根据过食食盐和(或)饮水不足的病史，暴饮后癫痫样发作等突出的神经症状及脑组织典型的病变初步诊断。如为确诊，可采取饮水、饲料、胃肠内容物以及肝、脑等组织做氯化钠含量测定。肝和脑中的钠含量超过1.50毫克/克，或氯化钠含量超过2.50毫克/克和1.80毫克/克，即可认为是食盐中毒。

【治疗方法】无特效解毒药。要立即停止食用原有的饲料，逐渐补充饮水，要少量多次给，不要1次性暴饮，以免造成组织进一步水肿，病情加剧。可以采取辅助治疗，其原则是促进食盐的排除，恢复阳离子平衡和对症处置。

(1)大量饮水，并静脉注射5%葡萄糖液100～200毫升。

(2)为缓解兴奋和痉挛发作应用5%溴化钾或溴化钙10～30毫升静脉注射，以排除体内蓄积的氯离子。

(3)使用双氢克尿噻利尿以排除钠离子、氯离子，口服0.05～0.2克。

(4)为缓解脑水肿，降低颅内压，可用甘露醇注射液100～200毫升静脉注射，或用50%葡萄糖液静脉注射。

【预防措施】不宜用过咸的残羹剩饭喂猪，日粮含盐量不应超过0.5%，以免过量。平时应供给足够的饮水，有利于体内多余的氯和钠离子及时随尿液排出，维持体液离子的动态平衡。

20. 亚硝酸盐中毒

猪亚硝酸盐中毒，是猪摄入富含硝酸盐、亚硝酸盐过多的饲料或饮水，引起高铁血红蛋白症，导致组织缺氧的一种急性、亚急性中毒性疾病。本病在猪较多见，常于猪吃饱后15分钟到数小时发病。

【发病特点】油菜、白菜、甜菜、野菜、萝卜、马铃薯等青绿饲料或块根饲料富含硝酸盐。而在使用硝酸铵、硝酸钠、除草剂、植物生长剂的饲料和饲草，其硝酸盐的含量增高。硝酸盐还原菌广泛分布于自然界，在温度及湿度适宜时可大量繁殖。当饲料慢火焖煮、霉烂变质、枯萎等时，硝酸盐可被硝酸盐还原菌还原为亚硝酸盐，以至中毒。

亚硝酸盐的毒性比硝酸盐强15倍。亚硝酸盐亦可在猪体内形成,在一般情况下,硝酸盐转化为亚硝酸盐的能力很弱,但当胃肠道机能紊乱时,如患肠道寄生虫病或胃酸浓度降低时,可使胃肠道内的硝酸盐还原菌大量繁殖,此时若动物大量采食含硝酸盐饲草饲料时,即可在胃肠道内大量产生亚硝酸盐并被吸收而引起中毒。

【临床症状】急性中毒的猪常在采食后10～15分钟发病,慢性中毒时可在数小时内发病。一般体格健壮、食欲旺盛的猪因采食量大而发病严重。病猪严重呼吸困难,多尿,可视黏膜发绀,刺破耳尖、尾尖等,流出少量酱油色血液,体温正常或偏低,全身末梢部位发凉。因刺激胃肠道而出现胃肠炎症状,如流涎、呕吐、腹泻等。共济失调,痉挛,挣扎鸣叫,或盲目运动,心跳微弱。临死前角弓反张,抽搐,倒地而死。

中毒猪尸体腹部多膨满,口鼻青紫,可视黏膜发绀。口鼻流出白色泡沫或淡红色液体,血液呈酱油状,凝固不良。肺膨大,气管和支气管、心外膜和心肌有充血和出血,胃肠黏膜充血、出血及脱落,肠淋巴结肿胀,肝呈暗红色。

【诊断】依据发病急、群体性发病的病史、饲料储存状况、临诊见黏膜发绀及呼吸困难、剖检时血液呈酱油色等特征,可以做出诊断。可根据特效解毒药亚甲蓝进行治疗性诊断,也可进行亚硝酸盐检验、变性血红蛋白检查。

【治疗方法】迅速使用特效解毒药如亚甲蓝或甲苯胺蓝。静脉注射1%的亚甲蓝,按每千克体重1毫升,也可深部肌内注射1%的亚甲蓝;甲苯胺蓝每千克体重5毫克,可内服或配成5%的溶液静脉注射、肌内注射或腹腔注射。使用特效解毒药时配合使用高渗葡萄糖300～500毫升,以及每千克体重

10～20 毫克维生素 C。

呼吸急促时，可用尼克刹米、山梗菜碱等兴奋呼吸的药物。对心脏衰弱者，注射 0.1%盐酸肾上腺素溶液 0.2～0.6 毫升，或注射 10%安钠咖以强心。

【预防措施】针对病因，通过改善饲养治理的方法，可有效地预防本病的发生。

(1)确实改善青绿饲料的存放和蒸煮过程。使用青绿饲料喂猪时，最好新鲜生喂，这样既留存了营养成分又不容易使猪发生中毒。如需煮热喂时，应加足火力，敞开锅盖，迅速煮熟并不断搅拌，不要闷在锅内过夜。对青饲料的贮存，应摊开存放，不要堆积，以免腐烂发酵而产生亚硝酸盐。实践证实，煮饲料时，加入少量食醋，既可以杀菌，又能分解亚硝酸盐。

(2)接近收割的青绿饲料不应再施用硝酸盐等，以免增高其中硝酸盐或亚硝酸盐的含量。

(3)对可疑饲料、饮水，实行临用前的检疫，特别在某些集约化猪场应列为常规的兽医保健措施之一。

第六章　饲养员日常工作操作规程及猪场常用记录表

第一节　饲养员日常工作操作程序

1. 上午

8:00:把前顿的剩料清出后将上午的料量投入料槽。在喂料时要注意观察猪的精神、呼吸、皮肤、粪便形态和采食情况,发现问题及时处理。

8:30:清扫过道上的污物,打扫猪栏内的卫生,把猪栏内的粪便、猪尿和垃圾清入粪沟。

10:00:调控温度并保持相对稳定。当外界气温低于15℃时,要启用增温保温设备,将温度调整为20～22℃;当外界温度大于25℃,要注意适当通风。夏季和春、秋季通风可以安排在早上喂料之前。

10:10:将粪沟内的粪污用粪车运至粪便集中地。

11:00:冲洗猪舍内地面及运粪车。

12:00:把早上吃剩的余料清出后投料。

2. 下午

13:30:查看猪舍温度。

14:30:将猪栏内的粪便、猪尿和垃圾清入粪沟。

16:00:把中午吃剩的余料清出后投料。

16:30:记录猪只的健康状况,记录全天采食量。

20:00:喂给1天中的最后1次料。

第二节　猪场常用记录表

猪场常用表格主要指计划表和记录表2大部分。生产计划是使场有序生产的指南,所以必须编制配种分娩计划表,猪群周转计划表及肉猪出栏计划表。生产管理的主要依据是记录,完善生产中各种技术及管理的记录是提高养猪场管理水平和技术水平的保证。因此,必须搞好资料记录工作。

下面列举了商品猪场常用的12个表格,各猪场可根据本场实际参考汇制。

表6-1　工作人员登记表

序号	姓名	性别	出生日期	文化程度	职称	岗位	健康证编号	备注

表6-2　引种记录

引种日期	品种	引种数量	供种场	隔离日期	并群日期	责任兽医

表 6-3　种母猪生长发育及繁殖性能记录

猪号	胎次	配种公猪号	配种方式	产仔数		断奶日龄			生长发育（6月龄）	
				头数	窝重	头数	成活率	断奶体重	体长	体重

表 6-4　种公猪生长发育及繁殖性能记录

猪号	配种母猪号	配种方式	产仔数			断奶日龄			生长发育（6月龄）	
			头数	窝重	畸形头数	头数	成活率	断奶体重	体长	体重

表 6-5　饲料采购记录

日期	品名	适用阶段	数量（千克）	生产厂家	批准文号	药物添加剂	休药期	验收人

表 6-6　兽药、疫苗采购记录

采购日期	品名	数量	生产厂家	批准文号	生产日期	有效日期	验收人

表6-7 消毒记录

日期	消毒剂名称	消毒对象与范围	配制浓度	消毒方式	操作者	责任兽医

表6-8 免疫记录

日期	档、栏号	日龄	疫苗	生产厂家	免疫剂量	免疫头数	操作者	责任兽医

表6-9 兽药使用记录

用药时间	档、栏号	耳号	日龄	症状	药物名称	休药期	剂量	治疗效果	责任兽医

表6-10 药物添加剂使用记录

添加剂名称	档、栏号	日龄	添加日期	生产厂家	批准文号	添加剂量	休药期	停用时间	责任人

表 6-11　无害化处理记录

<table>
<tr><th rowspan="2">日期</th><th rowspan="2">废弃物</th><th colspan="3">病死猪</th><th rowspan="2">处理原因</th><th rowspan="2">处理方法</th><th rowspan="2">责任人</th><th rowspan="2">监督人</th></tr>
<tr><th>档、栏号</th><th>耳号</th><th>日龄</th></tr>
<tr><td></td><td></td><td></td><td></td><td></td><td></td><td></td><td></td><td></td></tr>
<tr><td></td><td></td><td></td><td></td><td></td><td></td><td></td><td></td><td></td></tr>
</table>

表 6-12　出栏记录

序号	日期	头数	日龄	栋、栏号	购买者	销售人

附录　无公害食品——育肥猪饲养管理准则

（NY/T5033—2001）

本标准由中华人民共和国农业部提出。

本标准起草单位：中国农业科学院畜牧研究所，北京市绿色食品办公室。

本标准主要起草人：王立贤，赵克斌，欧阳喜辉，刘剑峰。

1　范围

本标准规定了无公害育肥猪生产过程中引种、环境、饲养、消毒、免疫、废弃物处理等涉及到育肥猪饲养管理的各环节应遵循的准则。

本标准适用于生产无公害育肥猪猪场的饲养与管理，也可供其他养猪场参照执行。

2　规范性引用文件

下列文件中的条款通过本标准的引用而成为本标准的条款。凡是注日期的引用文件，其随后所有的修改单（不包括勘误的内容）或修订版均不适用于本标准，然而，鼓励根据本标准达成协议的各方研究是否可使用这些文件的最新版本。凡是不注日期的引用文件，其最新版本适用于本标准。

GB8471 猪的饲养标准

GB16548 畜禽病害肉尸及其产品无害化处理规程

GB16549 畜禽产地检疫规范

GB16567 种畜禽调运检疫技术规范

NY/T388 畜禽场环境质量标准

NY5027 无公害食品 畜禽饮水水质

NY5030 无公害食品 育肥猪饲养兽药使用准则

NY5031 无公害食品 育肥猪饲养兽医防疫准则

NY5032 无公害食品 育肥猪饲养饲料使用准则

3 术语和定义

下列术语和定义适用于本标准。

3.1 净道

猪群周转、饲养员行走、场内运送饲料的专用道路。

3.2 污道

粪便等废弃物、外销猪出场的道路。

3.3 猪场废弃物

主要包括猪粪、尿、污水、病死猪、过期兽药、残余疫苗和疫苗瓶。

3.4 全进全出制

同一猪舍单元只饲养同一批次的猪，同批进、出的管理制度。

4 猪场环境与工艺

4.1 猪舍应建在地势高燥、排水良好、易于组织防疫的地方，场址用地应符合当地土地利用规划的要求。猪场周围3千米无大型化工厂、矿厂、皮革、肉品加工、屠宰场或其他畜牧场污染源。

4.2 猪场距离干线公路、铁路、城镇、居民区和公共场所1千米以上，猪场周围有围墙或防疫沟，并建立绿化隔离带。

4.3 猪场生产区布置在管理区的上风向或侧风向处，污水粪便处理设施和病死猪处理区应在生产区的下风向或侧风向处。

4.4 场区净道和污道分开，互不交叉。

4.5 推荐实行小单元式饲养，实施“全进全出制”饲养工艺。

4.6 猪舍应能保温隔热，地面和墙壁应便于清洗，并能耐酸、碱等消毒药液清洗、消毒。

4.7 猪舍内温度、湿度环境应满足不同生理阶段猪的需求。

4.8 猪舍内通风良好，空气中有毒有害气体含量应符合NY/T388的要求。

4.9 饲养区内不得饲养其他畜禽动物。

4.10 猪场应设有废弃物储存设施，防止渗漏、溢流、恶臭对周围环境造成污染。

5 引种

5.1 需要引进种猪时，应从具有种猪经营许可的种猪场引进，并按照GB16567进行检疫。

5.2 只进行育肥的生产场，引进仔猪时，应首先从达到无公害标准的猪场引进。

5.3 引进的种猪，隔离观察15～30天，经兽医检查确定为健康合格后，方可供繁殖使用。

5.4 不得从疫区引进猪种。

6 饲养条件

6.1 饲料和饲料添加剂

6.1.1 饲料原料和添加剂应符合 NY5032 的要求。

6.1.2 在猪的不同生长时期和生理阶段,根据营养需求,配制不同的配合饲料。营养水平不低于 GB8471 要求,不应给肥育猪使用高铜、高锌日粮,建议参考使用饲养品种的饲养手册标准。

6.1.3 禁止在饲料中额外添加 β-兴奋剂、镇静剂、激素类、砷制剂。

6.1.4 使用含有抗生素的添加剂时,在商品猪出栏前,按有关准则执行休药期。

6.1.5 不使用变质、霉败、生虫或被污染的饲料。不应使用未经无害处理的泔水、其他畜禽副产品。

6.2 饮水

6.2.1 经常保持有充足的饮水、水质符合 NY 5027 的要求。

6.2.2 经常清洗消毒饮水设备,避免细菌滋生。

6.3 免疫

6.3.1 猪的免疫符合 NY5031 的要求。

6.3.2 免疫用具在免疫前后应彻底消毒。

6.3.3 剩余或废弃的疫苗以及使用过的疫苗瓶要做无害化处理,不得乱扔。

6.4 兽药使用

6.4.1 保持良好的饲养管理,尽量减少疾病的发生,减少药物的使用量。

6.4.2 仔猪、生长猪必须治疗时,药物的使用要符合 NY5030 的要求。

6.4.3　育肥后期的商品猪，尽量不使用药物，必须治疗时，根据所用药物执行停药期，达不到停药期的不能作为无公害育肥猪上市。

6.4.4　发生疾病的种公猪、种母猪必须用药疗时，在治疗期或达不到停药期的不能作为食用淘汰猪出售。

7　卫生消毒

7.1　消毒剂

消毒剂要选择对人和猪安全、没有残留毒性、对设备没有破坏、不会在猪体内产生有害积累的消毒剂。选用的消毒剂应符合 NY5030 的规定。

7.2　消毒方法

7.2.1　喷雾消毒

用一定浓度的次氯酸盐、有机碘混合物、过氧乙酸、新洁尔灭等，用喷雾装置进行喷雾消毒，主要用于猪舍清洗完毕后的喷洒消毒、带猪消毒、猪场道路和周围、进入场区的车辆。

7.2.2　浸液消毒

用一定浓度的新洁尔灭、有机磺混合物或煤酚的水溶液，进行洗手、洗工作服或胶靴。

7.2.3　熏蒸消毒

每立方米用福尔马林（40％甲醛溶液）42 毫升、高锰酸钾 21 克，21℃以上温度、70％以上相对湿度，封闭熏蒸 24 小时。甲醛熏蒸猪舍应在进猪前进行。

7.2.4　紫外线消毒

在猪场入口、更衣室，用紫外线灯照射，可以起到杀菌效果。

7.2.5　喷撒消毒

在猪舍周围、入口、产床和培育床下面撒生石灰或火碱可以杀死大量细菌或病毒。

7.2.6 火焰消毒

用酒精、汽油、柴油、液化气喷灯，在猪栏、猪床猪只经常接触的地方，用火焰依次瞬间喷射，对产房、培育舍使用效果更好。

7.3 消毒制度

7.3.1 环境消毒

猪舍周围环境每2～3周用2%火碱消毒或撒生石灰1次；场周围及场内污水池、排粪坑、下水道出口，每月用漂白粉消毒1次。在大门口、猪舍入口设消毒池，注意定期更换消毒液。

7.3.2 人员消毒

工作人员进入生产区净道和猪舍要经过洗澡、更衣、紫外线消毒。

严格控制外来人员，必须进生产区时，要洗澡，更换场区工作服和工作鞋，并遵守场内防疫制度，按指定路线行走。

7.3.3 猪舍消毒

每批猪只调出后，要彻底清扫干净，用高压水枪冲洗，然后进行喷雾消毒或熏蒸消毒。

7.3.4 用具消毒

定期对保温箱、补料槽、饲料车、料箱、针管等进行消毒，可用0.1%新洁尔灭或0.2%～0.5%过氧乙酸消毒，然后在密闭的室内进行熏蒸。

7.3.5 带猪消毒定期进行带猪消毒，有利于减少环境中的病原微生物。可用于带猪消毒的消毒药有0.1%新洁尔灭、

0.3%过氧乙酸、0.1%次氯酸钠。

8 饲养管理

8.1 人员

8.1.1 饲养员应定期进行健康检查，传染病患者不得从事养猪工作。

8.1.2 场内兽医人员不准对外诊疗猪及期他动物的疾病，猪场配种人员不准对外开展猪的配种工作。

8.2 饲喂

8.2.1 饲料每次添加量要适当，少喂勤添，防止饲料污染腐败。

8.2.2 根据饲养工艺进行转群时，按体重大小强弱分群，分别进行饲养，饲养密度要适宜，保证猪只有充足的躺卧空间。

8.2.3 每天打扫猪舍卫生，保持料槽、水槽用具干净，地面清洁。经常检查饮水设备，观察猪群健康状态。

8.3 灭鼠、驱虫

8.3.1 定期投放灭鼠药，及时收集死鼠和残余鼠药，并做无害化处理。

8.3.2 选择高效、安全的抗寄生虫药进行寄生虫控制，控制程序符合 NY5031 的要求。

9 运输

9.1 商品猪上市前，应经兽医卫生检疫部门根据 GB16549 检疫，并出具检疫证明，合格者方可上市屠宰。

9.2 运输车辆在运输前和使用后要用消毒液彻底消毒。

9.3 运输途中，不应在疫区、城镇和集市停留、饮水和饲喂。

10 病、死猪处理

10.1 需要淘汰、处死的可疑病猪，应采取不会把血液和浸出物散播的方法进行扑杀，传染病猪尸体应按 GB16548 进行处理。

10.2 猪场不得出售病猪、死猪。

10.3 有治疗价格的病猪应隔离饲养，由兽医进行诊治。

11 废弃物处理

11.1 猪场废弃物处理实行减量化、无害化、资源化原则。

11.2 粪便经堆积发酵后应作农业用肥。

11.3 猪场污水应经发酵、沉淀后才能作为液体肥使用。

12 资料记录

12.1 认真做好日常生产记录，记录内容包括引种、配种、产仔、哺乳、断奶、转群、饲料消耗等。

12.2 种猪要有来源、特征、主要生产性能记录。

12.3 做好饲料来源、配方及各种添加剂使用情况的记录。

12.4 兽医人员应做好免疫、用药、发病和治疗情况记录。

12.5 每批出场的猪应有出场猪号、销售地记录，以备查询。

12.6 资料应尽可能长期保存，最少保留 2 年。

参考文献

1 朱尚雄．中国工厂化养猪实用新技术，北京：中国农业出版社，1993

2 马术臣．养猪实用技术．济南：山东科学技术出版社，1989

3 张仲葛等编著．中国实用养猪学．郑州：河南科学技术出版社，1990

4 梁忠纪．百日出栏养猪法，第2版．北京：科学技术文献出版社，2011

5 蒋永彰，张道槐，李杰生．快速养猪法，第6版．北京：金盾出版社，2011

6 马明星．商品猪生产技术指南，第2版．北京：中国农业大业出版社，2011

7 李新建，吕刚．育肥猪标准化生产．郑州：河南科学技术出版社，2012

8 武英．肉猪健康养殖．济南：山东科学技术出版社，2011

9 庞连海，庞思达，孟雪舟．猪规模化高效生产技术．北京：化学工业出版社，2012

10 丁山河，刘远丰．育肥猪标准化养殖技术．武汉：湖北科学技术出版社，2009

11 李宝林．育肥猪饲养实用技术．北京：中国农业出版社，2009

12 辽宁省科学技术协会．猪的肥育新技术．沈阳：辽宁科学技术出版社，2010